探索美丽贺州之路

广西贺州市社会科学界联合会　主编

中国出版集团

世界图书出版公司

广州·上海·西安·北京

图书在版编目（CIP）数据

探索美丽贺州之路 / 广西贺州市社会科学界联合会主编. -- 广州 : 世界图书出版广东有限公司，2014.12
ISBN 978-7-5100-8901-5

Ⅰ．①探… Ⅱ．①广… Ⅲ．①生态环境建设—研究—贺州市 Ⅳ．① X321.267.3

中国版本图书馆 CIP 数据核字（2014）第 308529 号

探索美丽贺州之路

策划编辑	赵　泓
责任编辑	阮清钰
装帧设计	梁嘉欣
出版发行	世界图书出版广东有限公司
地　　址	广州市新港西路大江冲 25 号
电　　话	020-84459702
印　　刷	虎彩印艺股份有限公司
规　　格	787mm×1092mm　1/16
印　　张	10.25
字　　数	180 千
版　　次	2014 年 12 月第 1 版　2015 年 7 月第 2 次印刷
ＩＳＢＮ	978-7-5100-8901-5/X•0045
定　　价	48.00 元

目　录

第三章
贺州特色城镇发展探讨 / 123
Chapter 3

前　言

党的十八大报告中明确提出把生态文明建设放在突出地位，建设"美丽中国"。

青山绿水，百姓欢颜。"美丽中国"所要求的，不仅是一个高速发展的中国，更是一个"绿色中国"、一个"幸福中国"。这一国策，使一直注重生态文明建设的贺州充满期待。

2014年7月，广西壮族自治区党委书记彭清华在贺州考察时提出"要发挥向东开放排头兵作用，把贺州建成广西对接东部和中部地区的重要门户和枢纽""要坚持特色农业、特色旅游、特色城镇三管齐下，建设生态良好、风情浓郁、宜居宜商美丽贺州"的新定位和新要求。

目前，作为广西经济总量最小，经济发展欠发达的"小市"，贺州对广西财政的贡献并不引人注目，但作为生态资源丰富的"大市"，贺州的优势得天独厚：温馨恬静的田园风光、莽莽苍苍的原始森林、堪称天然动物园和天然植物园的自然保护区，温泉、瀑布、秀丽的风光随处可见，有"华南地区最大的天然氧吧"著称的姑婆山国家森林公园等已开发或建设的多个国家4A级景区，形成了生态引领的极具地方特色的旅游业。贺州境内有国家一、二级重点保护植物20多种，栖息有野生动物49科176种，其中属国家Ⅰ级保护动物的有鳄蜥、黄腹角雉等7种；全市有林面积76.4万公顷，森林覆盖率高达72.2%，是全国森林覆盖率的3倍左右，广西4个森林大县（区）中，贺州市就占了两个；随着近日钟山县、昭平县分别获得"国家级出口食品农产品质量安全示范区""国家级出口茶叶质量安全示范区"，贺州市成为广西第一个实现国家级出口食品农产品质量安全示范区全覆盖的地市，堪称"粤港澳后花园""粤港澳菜篮子"。

有人说保护生态是压力，有人说保护生态是驱动力。贺州在"压力"与"驱动力"之间，既不能走先污染后治理的老路，也不能好高骛远做完美的生态主义者，建设美丽贺州之路依然任重道远。而何为美丽贺州？如何探索建设美丽贺州之路？这些问题成为贺州理论工作者必须去面对，做好认真研究的重要课题。

1. 何为美丽贺州

2012年11月召开的党的十八大报告指出："把生态文明建设放在突出地位，融入经济建设、政治建设、文化建设、社会建设各方面和全过程，努力建设美丽中国，实现中华民族永续发展。"建设美丽贺州，是建设美丽中国的一个组成部分。

对于如何建设美丽中国，党的十八大报告指出了方向："坚持节约资源和保护环境的基本国策，坚持节约优先、保护优先、自然恢复为主的方针，着力推进绿色发展、循环发展、低碳发展，形成节约资源和保护环境的空间格局、产业结构、生产方式、生活方式，从源头上扭转生态环境恶化趋势，为人民创造良好生产生活环境"，具体对策包括："一是优化国土空间开发格局；二是全面促进资源节约；三是加大自然生态系统和环境保护力度；四是加强生态文明制度建设。"[1]

对于如何加强生态文明制度建设，2013 年 11 月召开的党的十八届三中全会对加快生态文明制度建设提出更具体的对策："建设生态文明，必须建立系统完整的生态文明制度体系，实行最严格的源头保护制度、损害赔偿制度、责任追究制度，完善环境治理和生态修复制度，用制度保护生态环境。"这些保障的具体落实就需要有法律做保障。

2014 年 10 月召开的党的十八届四中会全提出建设法治政府，以保障建设美丽中国的实现，全会报告提出："各级政府必须坚持在党的领导下、在法治轨道上开展工作，创新执法体制，完善执法程序，推进综合执法，严格执法责任，建立权责统一、权威高效的依法行政体制，加快建设职能科学、权责法定、执法严明、公开公正、廉洁高效、守法诚信的法治政府。"

"美丽贺州"包含着生态、经济、文化、政治、社会等多方面的丰富内涵。本书认为，"美丽贺州"的丰富内涵主要包括以下三个方面：

第一，生态文明建设大力推进，自然环境持续改善。大自然是人类赖以生存和发展的基础。建市以来，虽然贺州经济发展取得了长足的进步，但贺州的发展仍然是粗放式的发展，仍然是以低附加值的加工制造业为主，农业仍然是精耕细作的传统农业，经济的增长付出了污染环境的巨大代价。"先污染，后治理"的老路是走不通的，建设美丽贺州，经济发展和环境保护要兼顾，既要经济发展，又要青山绿水。打造宜居的城乡环境，让公众在享受经济建设带来的丰富物质成果的同时，又能享受到优美大自然带来的悠然和惬意。正如习近平总书在 2013 年 7 月 18 日致贵阳国际论坛 2013 年年会的贺信中指出，我们在经济发展的同时，要"为孙后代留下天蓝、地绿、水清的生产生活环境。"[2]

第二，物质和文化生活不断提高。"美丽"虽然是主观感受，但并不是空中幻影，而应该是有实实在在的物质和文化基础做依托。只有继续大力发展经济，加快经济转型升级，做大做强旅游业、特色农业等，不断满足人民群众日益增长物质和精神文化的需求，让"美丽"有更坚实的物质基础。

1　党的十八大报告《大力推进生态文明建设》章节全文，参见财经网：《十八大在京开幕胡锦涛作报告（全文）》，http://china.caixin.com/2012-11-08/100458021_7.html

2　《习近平谈治国理政》，外文出版社 2014 版，第 212 页。

第三，社会治理能力不断提高和创新。十八届三中全会提出要"推进国家治理能力现代化"，国家治理体系现代化已成为我国第五个需要实现的"现代化"。社会治理创新是党在治国理政理念升华后对社会建设提升的基本要求，是实现国家治理体系和治理现代化的重要环节。

治理是上个世纪末兴起的新政治概念，它不同于"统治"和"专政"，是各种公共的或私人的个人和机构管理其共同事务的诸多方式的总得。治理不是一整套规则，也不是一种活动，而是一个过程；治理过程的基础不是控制，而是协调；治理不是一种正式的制度，而是持续的互动。治理与管理有着明显的不同，管理强调自上而下的单向权力运作；而治理则不然，它不但重视权力来源的多样性，除国家权力外，社会组织自治权、居民自治权都成为治理的合法权力来源，上下平等协商、协调互动、合作治理成为趋势。治理较之管理有着明显的优越性，并已成为当代民主的新形式。

党的十八届四中全会会明确了全面推进依法治国的重大任务，法治无论是在微观上解决矛盾纠纷抑或宏观上维护公平正义，无论是在生态环境保护抑或是保障人民安居乐业，都是不可或缺的重要一环。只有依法治国，在法律的框架内不断提高社会治理能力，注重营造贺州优越的软环境，才能真正建成"宜居宜商、美丽贺州"。

说到底，贺州要建成"美丽贺州"，其内涵主要强调两点：一是"转型升级是手段，美丽贺州是目标"；二是"必须依法治市、正确处理经济增长与生态环境和民生福祉的关系，让人民安居乐业，共享经济发展成果，为子孙后代留下天蓝、地绿、水清的生产生活环境"。只要认清"美丽贺州"的真正内涵，才能有的放矢。这就要求贺州市各级党委政府把生态文明建设融入经济建设、文化建设、社会建设、法治建设各方面和全过程，全面推动"美丽贺州"落到实处。

2. 如何建设美丽贺州

如何建设美丽贺州，贺州进行了大量的探索和实践。

早在 2012 年，贺州市委就下发了《中共贺州市委员会关于大力推进生态文明建设，努力建设美丽贺州的决定》（贺发 [2012]33 号），努力打造"繁荣富庶、和谐安宁、人文丰厚、山川秀美"的美丽贺州，并提出了在 2015 年建成自治区级生态市，2020 年建成国家生态建设示范市的目标，建成"绿水青山、天蓝气清的生态环境体系；结构优化、循环高效的生态经济体系；善待自然、和谐文明的生态文化体系；绿色低碳、宜居宜业的生态人居体系；双向约束、权责清晰的生态保障体系"。贺州确定了打造成为"全国循环经济示范区、广西新兴工业城市、桂粤湘区域性交通枢纽、华南生态旅游名城"的发展定位。

一是大力开发水电清洁产业。贺州市委、市政府出台了《关于加快水电产业发展创建农村电气化市的决定》，制定一系列有关水电资源开发建设的鼓励政策，开放水电市场，建成了桂东电力、桂能电力、合面狮水电站、昭平水电站、下福水电站等一批较大型的骨干水电水利设施和企业。

二是大力发展循环经济。贺州以电力、水泥等产业为"循环经济"发展突破口，重点依托贺州华润循环经济示范区辐射带动其它工业园区。目前，以华润电力、水泥、啤酒三大产业为主导的华润循环产业核心区已初具规模。

三是大力发展现代特色生态农业。充分发挥特色贺州生态和地理位置优势，围绕建设粤港澳绿色农产品生产基地为目标。建立优质农产品生产基地、发展特色种植、发展生态农业，建成了出口农产品质量安全示范区，走出了一条具有贺州特色的农业科学发展道路，取得了明显的成效，打造了"中国脐橙之乡""中国李子之乡""中国名茶之乡"等扬名全国的循环生态农业贺州"名片"。

四是建设华南生态旅游名城。贺州围绕"生态、低碳、健康、养生，大力发展生态休闲养生旅游业"的思路，重点打造"森林生态观光和休闲度假旅游品牌""历史文化古镇旅游品牌""温泉康体疗养品牌"三大品牌，实现了旅游业的加速发展和转型升级。

五是大力推进社会治理创新。贺州在这方面进行了一些改革和创新，比如推行基层政府职能下沉的"扩权强镇"改革，有利于农村公共物品供给的富川"民事联解"改革，这些改革的目标就是要提高社会治理能力，并取得了一定的成效。

这五个方面的探索和实践正在大力推行之中，这不仅需要具体地实践去一步步探索，更需要有理论提供指导和借鉴，这样才能更好建设"美丽贺州"。

贺州市委宣传部、贺州市社科联总结贺州市委、政府近年来探索美丽贺州进行的一些实践经验，进行了一些理论的初步探索，先后出版了《绿色新政——发展循环经济的思考与实践》[1]《贺州市循环经济发展研究》[2]《人文贺州》[3]等一系列专著，以期对如何探索建设美丽贺州提供一些理论指导和经验借鉴。但是这些理论探索更多的是从宏观上进行了一些研究，并提出了一些原则性的问题，还没有具体深入进行研究。本书打算从具体的细节进行一些探索。

3. 本书选题缘由

对于如何探索建立美丽贺州，这是一个非常宏大的主题，也是一个摆在贺州市理论工作者面前非常紧迫的主题。宏观的理论和原则容易总结归纳，各种规划也容易做得出来，但如何提出一些对策建议能够对现实提供切实的指导和借鉴，能够真正地落实，这正如习近平总书记说的"一分部署，九分落实"。

为了能够对建设美丽贺州之路提供切实的理论上指导，可操作的对策建议。

1　该书是贺州市重大课题研究成果集，由刘建军主编，广西人民出版社 2012 年出版。

2　本书由贺州市社会科学界联合会主编，世界图书出版公司 2013 年出版。

3　本书由贺州市社会科学界联合会主编，世界图书出版公司 2014 年出版。

我们课题组在广泛的讨论基础上，决定对相关利益方进行深入的访谈调研，收集资料，得到一手的数据、材料，把相关利益方提出的建议对策进行总结归纳。

课题组成员在完成前期资料收集的情况下，从 2014 年 8 月 22 日至 9 月 20 日逐一与贺州市委领导、贺州市直机关相关部门的负责人、相关企业、三县两区相关部门负责人、相关企业、乡镇干部、研究领域的相关专家等进行面对面的访谈，针对相关议题，听取他们的建议和意见，并收集相关材料。

课题组完成访谈情况一览表

时间	访谈对象	访谈主要议题
8 月 15 日	某一市委领导	贺州市总体发展思路
8 月 16 日	贺州日报总编辑	贺州市未来重点发展方向
8 月 22 日	贺州市旅游局负责人	贺州市特色旅游
8 月 25 日	昭平县农业局负责人	昭平县特色农业
	昭平县旅游局负责人	昭平县特色旅游
	昭平故乡茶企业负责人	如何壮大昭平茶产业
	昭平黄姚镇党委负责人	黄姚古镇旅游相关情况和建议
	昭平县发改局负责人	昭平县重点项目情况
8 月 26 日	钟山县农业局负责人	钟山县特色农业
	钟山县发改局负责人	钟山县重点项目情况
	钟山县旅游局负责人	钟山县特色旅游
8 月 27 日	富川县发改局负责人	富川县重点项目情况
	富川县农业局负责人	富川县特色农业
	富川县旅游局负责人	富川县特色旅游
	富川县福利镇干部	农村土地流转问题
	富强果蔬企业负责人	如何发展特色农业
8 月 28 日	八步区农业局负责人	八步区特色农业
	八步区旅游局负责人	八步区特色旅游
	八步区发改局负责人	八步区重点项目情况
	八步区黄洞月湾旅游公司	如何做大特色旅游
	八步区黄洞乡干部	特色旅游具体问题
8 月 29 日	贺州市农业局负责人	贺州市特色农业
9 月 1 日	平桂发改局负责人	平桂重点项目情况
	平桂农业局负责人	平桂特色农业
	平桂旅游局	平桂特色旅游
	姑婆山管理委员会办公室负责人	姑婆山 4A 升 5A 具体情况和问题
9 月 4 日	贺州生态新城管委会负责人	贺州生态新城建设具体情况
9 月 5 日	利升碳酸钙企业办公室负责人	碳酸钙企业发展具体情况
	广西碳酸钙千亿元产业示范基地管委会负责人	贺州碳酸钙产业发展具体情况
9 月 6 日	市发改委某一负责人	贺州市重点项目情况
9 月 7 日	某一国企贺州分公司	贺州从商环境
9 月 14 日	中国农业大学博士生	特色农业一些理论

时间	访谈对象	访谈主要议题
9月15日	贵州师范大学旅游学院副教授	特色旅游一些理论

虽然我们课题组力图收集更多的材料，通过访谈获得更多有用的信息，但因为种种原因，很多信息得不到，很多想要访谈的对象没有接受我们的访谈，深为遗憾。最后我们根据综合收集和访谈得到的信息，决定重点从贺州的特色农业、特色旅游和特色城镇进行探讨，主要原因有四个：

（1）贺州农业和旅游业是贺州涉及面最广，影响最深远的产业

2014年7月，中共广西壮族自治区党委彭清华书记调研贺州时，提出贺州要"坚持特色农业、特色旅游、特色城镇三管齐下，建设生态良好、风情浓郁、宜居宜商的美丽贺州。"而贺州的农业人口比重还很高，农业产值占GDP比重也很高，据统计，2013年，贺州农业人口达131万人，占贺州总人口（223万）的59%，第一产业占GDP比重21.8%，远高于全国和广西的平均水平。因此，发展贺州现代特色农业，这是提高农民的收入的一个重要途径。

同时，贺州具有丰富的旅游资源，贺州的旅游业已成为贺州的支柱产业之一。2013年，贺州接待入境旅游者30.96万人次，实现旅游外汇收入9443.68万美元，接待国内游客999.13万人次，实现旅游总收入101.89亿元。占贺州地区生产总值（GDP）比重已超过20%。

（2）发展农业和旅游业必须以建设特色城镇为载体

贺州由于地处潇贺古道上的节点区域，两千多年来不同历史时期的军事、政治、经济及外来移民文化等因素的影响和变迁形成了汉族中原文化、汉族客家文化、瑶族文化、壮族文化多元融合的特色风情，涌现出了一批文化底蕴深厚、生态良好、特色产业突出的名镇名村。城镇化是现代化的必由之路、大势所趋，但是在推进城镇化过程中，粗放式地"大拆大建""圈地造城""洗脚上楼"，拆掉优秀古民居，拆掉传统的DNA，拆掉人们的"乡恋"，这不是贺州想要的；"以人为本、城乡统筹、产城融合、集约高效、生态宜居、彰显文化，着力打造生态良好、风情浓郁、宜居宜商的美丽贺州"这一新型城镇化建设思路，已成为贺州2014—2020年新型城镇化建设的一大亮点。

如何坚持"特色兴市"发展思路，通过新型城镇化建设这一载体，统筹特色农业、特色旅游和特色城镇发展，实现贺州经济社会的全面发展，成为市委市政府面对广大群众的一道必答题。

（3）如何发展贺州特色旅游、特色农业和特色城镇，理论工作还非常薄弱

对于如何有效发展贺州特色旅游、现代特色农业和特色城镇，贺州目前还没有进行过较系统深入的探索，我们课题选这三个方面进行初步的探索，以期能够对帮助贺州干部比较深入了解现代特色农业、特色旅游和特色城镇的一些基本理

论、指导思想，先进地区发展经验，贺州现代特色农业、特色旅游和特色城镇发展基本情况、主要问题，发展面临的困境以及未来发展方向等。以期对具体工作有一些指导和帮助。

（4）课题研究有重要意义

贺州特色农业和特色旅游发展都有一段时间，在2014年又启动了17个重点镇的建设：对一些人口多、地理位置优越、文化底蕴丰富、产业有特色的乡镇，作为试点，制定出台了系列的扶助改革项目。这是一项非常明智的创新性落实中央城镇化部署的重要举措。因此，课题组认为：很有必要把实践中的案例、经验以及得失总结升华，对于进一步指导后发展欠发达民族地区充分发挥自身优势，以生态文明建设为抓手建设美丽家园，走出一条独具特色的崛起之路具有十分重要的意义。国内外有很多经验可以借鉴，我们在访谈的调研中也容易得到很多数据并能收集到必要的材料。

4. 研究的基本思路和框架

我们为了使得研究更具有参考价值，我们在书写时，这样安排了框架。首先，对现代特色农业、特色旅游和特色城镇的一些基本理论和特点进行概述，并对贺州现代特色农业、特色旅游和特色城镇的基本情况进行分析，其次，用SWOT分析框架进行分析，并基本于SWOT分析结果进行总结，提出贺州发展现代特色农业、特色旅游和特色城镇的战略选择，然后，我们基于调研访谈把相关负责人的意见建议进行总结，最后，基于我们的调研，我们提出一些可行性的建议措施。

5. 待探讨的问题

探索美丽贺州之路是一个复杂而庞大，需要持续不断探讨的问题，我们这一研究成果仅仅是一个开始，因为时间、资料、技术等问题，我们仅仅探讨了贺州的特色农业、特色旅游和特色城镇。下一步还值得重要探讨的课题包括：

（1）特色产业（主要是碳酸钙产业，循环产业已经进行过初步探讨）。2013年，贺州GDP仅为423亿元，而碳酸钙产业目标可以达到1000亿，不能不说值得我们去深入探讨。目前，国内浙江长兴县在这方面进行过有益的探索，下一步研究可以在收集贺州既有资料并对企业进行访谈的情况下，借鉴浙江长兴县的经验，提出一些针对性强，可操作的对策建议。

（2）贺州的社会治理能力。十八届三中全会提出要"推进国家治理能力现代化"，而贺州在这方面进行了一些改革和创新，比如推行基层政府职能下沉的"扩权强镇"改革，有利于农村公共物品供给的富川"民事联解"改革，这些改革的目标就是要提高社会治理能力，而提高社会治理能力是一个地方的软环境，软环境的好坏，也是贺州能否建成"宜商宜居"的重要组成部分，这个课题值得深入探讨。

总之，本书仅仅是探索美丽贺州之路一个小小的组成部分，本课题组对接受访谈和提供资料的各位人士表示衷心感谢，书中一些资料难免有不确切的地方，还希望能得到指正。

第一章

贺州特色农业产业发展探讨

Chapter 1

一、特色农业的特征和构成要素

（一）特色农业的特征

特色农业是以追求最佳效益即最大的经济效益和最优的生态效益、社会效益和提高产品市场竞争力为目的，依据区域内整体资源优势及特点，突出地域特色，以市场需求为中心，以某一特定农产品为生产目标的具有市场竞争力的农业生产体系。[1] 综合各个学者对特色农业的定义，特色农业的特征包括是：

（1）区域化。即以本地资源优势和自然条件优势为基础而发展起来，具有区域特色和不可替代性。

（2）市场化。以市场为主要评判标准。以国内外多样化市场需求为导向。以当地资源为基础而生产的农产品，最终要通过市场来实现其价值。

（3）规模化。要在市场竞争中具有竞争力，必须将特色农产品的生产基地和加工企业达到一定的规模，才能达到集群化和产业化的标准。只有这样，才可能产生规模效益，充分发挥人力资源，提高农民的工作效益和效率，增强特色农产品的竞争力，达到以最小的成本获得最大的投资回报。

（4）企业化。发展特色农业，必须以龙头企业带动，以"公司＋基地""公司＋农户""公司＋合作社＋农户"等方式，使得企业与农户，生产与市场紧密联系在一起，提高农户抵御市场风险和自然风险的能力，既提高生产效率，又紧紧跟随市场需求。

（5）专业化。发展特色农业，既要把分散的农户组织起来，运用现代管理技术，进行专业化生产，以提高劳动生产率，土地生产率，资源利用率和农产品商品率等；又要把特色农产品的生产、加工、销售等环节有机结合起来，降低物流和交易成本。

（二）特色农业的构成要素

一个地方的农业产业能称之为特色农业，就必须具备一定的产业化和集群化。因此，特色农业的构成要素如下：

（1）龙头企业。龙头企业是农业产业化和集群化的核心，国内外发展特色

1　火明：《论特色农业》，载《社会科学研究》，2002年3月。

农业，都是通过龙头企业与众多农户的联合与合作。一方面，农业生产面临着市场风险，除粮食等少数农产品外，绝大多数农产品的可替代性都比较高，富川脐橙再好吃，消费者也可以买其它水果来替代，这样的市场风险，分散的农户很容易出现盲目性和趋同性，即看到别人种植什么有钱赚，自己就跟着种植，这就很容易出现"果贱伤农""瓜贱伤农""菜贱伤农"等农民增产不增收现象[1]；另一方面，农业生产面临着自然风险，贺州地处亚热带地区，经常面临暴雨、干旱等自然环境的影响。要降低市场风险，提高抵御自然风险的能力，必须通过龙头企业带动。

（2）特色生产基地。从 2004 年以来，每年的中央一号文件都是针对"三农问题"，可见我国农业一直存在的一些问题还一直难以解决，这些问题包括：农民增产不增收、农产品难卖、农产品增质不增效等问题，必须通过建立特色生产基地，通过基地示范作用带动农户，树立特色农业品牌，增强竞争力，推动特色农业产业化和集群化。

（3）特色主导产业。在发展特色农业过程中，充分发挥特色资源和区位优势，结合自身实际，以市场为导向，形成一定规模、品牌和竞争力强的支柱主导产业。如今，富川和钟山烤烟、昭平茶叶、富川脐橙、八步三华李、平桂马蹄等特色农业产业已初具规模和品牌。

（4）市场体系。特色农产品的生产、加工、销售等一系列环节，必须以市场需求为前提。如何正确把握市场导向，减少市场交易费用，增加市场流通中的利润等，都必须要健全特色农产品的市场体系。

（三）特色农业产业化对经济发展的作用

改革开放 30 多年来，地处山区的贺州，农业部门一直是非常重要的经济部门，也一直是最敏感的经济部门，据统计，2013 年，贺州全市城镇化率仅为 41%，农业人口比重达 59%，农业人口达 131 万人，第一产业总产值达 92.4 亿元，占 GDP比重的 21.8%，[2] 农业人口比重和第一产业比重远高于全国和自治区平均水平。

表 1-1 2013 年全国、广西、桂林、贺州农业人口比重和第一产业比重

	全国	广西	桂林	贺州
农业人口比重	46.3%	55.0%	55.0%	59.0%
第一产业比重	10.0%	16.3%	18.1%	21.8%

资料来源：作者根据资料自行整理

1　在调研访谈和实地走访中，我们注意到，八步区的蔬菜出现过多次"菜贱伤农"现象，昭平也出现"茶贱伤农"，因此很多茶农都把茶树砍掉，种上速成桉树。富川的脐橙也出现过类似的现象。

2　李宏庆：《贺州市 2014 年政府工作报告》，2014 年 2 月 19 日。2013 年贺州市总人口达 223 万人，地区生产总值（GDP）达 423.9 亿元。

今天贺州的农业发展已经由原来受资源约束变成受资源和市场的双重约束，这就需要对农业结构进行战略性的调整和部署。调整的方向就是以市场需求为导向，充分发挥贺州自然资源和区位等比较优势，合理调整农业生产的区域布局，发展特色农业，逐步形成规模化、专业化的生产格局，形成完整产业链，增强整体竞争力，提高农业经济增长的质量和效益，并带动第二、第三产业的发展。

（1）推动传统农业向现代农业转变

早在 2001 年，时任总理朱镕基就提出要"发挥各地农业的比较优势，合理调整农业生产的区域布局，发展特色农业，形成规模化、专业化的生产格局，提高商品率。……"[1] 2005 年中央一号文件，中发 [2005]1 号文提出大力发展特色农业，尽快形成竞争优势的产业体系。随后，中发 [2006]1 号文也对发展特色农业有明确要求……2014 年中央一号文件（中发 [2014]）提出："要以解决好地怎么种为导向加快构建新型农业经营体系，以解决好地少水缺的资源环境约束为导向深入推进农业发展方式转变……走出一条生产技术先进、经营规模适度、市场竞争力强、生态环境可持续的中国特色新型农业现代化道路。"[2] 发展特色农业，开辟了在小规模家庭经营基础上提高整体规模效益的新途径，实现农业结构的不断优化，推动传统农业向现代农业转变。

（2）推动完整产业链的形成

特色农业产业代发展，有利于提高农业的专业化、商品化和现代化水平。在"示范效应"下，特色农业发展模式容易得到推广，带动周边农民和地区加入产业组织，不断把特色农业做大做强，推动完整产业链形成。

▲ 八步区红瓜子

▲ 平桂管理区马蹄

1　朱镕基 2001 年 3 月 5 日在第九届全国人大四次会议上所做的《关于国民经济和社会发展第十个五年计划纲要的报告》。

2　2014 年 1 月 19 日，中共中央、国务院印发了《关于全面深化农村改革加快推进农业现代化的若干意见》，http://baike.baidu.com/link?url=B6bmf8BZmpnc1JgVmz4OfuPAfMhgIF7pXM-at8zxRstE7a3_twnv7kDhcGSJir2osvoLY2ng87v8aFGrDdqnta

（3）转变经济增长方式

农业在贺州所占比重较大，解决好贺州"三农"问题，如何探索出一条："传统精耕细作与现代物质技术装备相辅相成，实现高产高效与资源生态永续利用协调兼顾……以解决好地少水缺的资源环境约束，深入推进农业发展方式转变"[1]的现代化农业发展道路。这是历届贺州市委市政府必须大力探索的重要问题。

贵州、江西、湖北等山区和少数民族地区农业发展实践证明，大力发展基于当地比较优势的特色农业，提高农产品的附加值、科技含量和竞争力，可以有效转变经济增长方式，实现由粗放型向集约型经营进行转变，推动农业产业化的整体发展。

（4）促进农民增收

特色农业产业化会延长特色农产品产业链，为区域内农户提供更多的工作岗位。随着特色农业产业化的深入发展，会带动旅游观光、物流、商贸、农村金融等相关产业的发展，这会需要更多的农村剩余劳动力。农民就地就业，既有利于提高农民的收入，也有利于解决农村"留守儿童""孤寡老人"等一系列农村社会问题。

▲ 富川县脐橙

▲ 钟山县水稻

▶ 昭平县茶叶

1 同上。

二、贺州特色农业发展现状

近年来，贺州一直把调整农业结构、大力发展特色农业作为一个重要举措来抓，贺州特色农业规模不断壮大。富川和钟山烤烟、富川脐橙；钟山优质稻、贡柑、蔬菜；昭平茶叶；八步三华李、红瓜子；平桂马蹄等特色农业已初具规模和品牌，走在广西前列。近年来，昭平桑蚕、网箱养鱼；平桂水生蔬菜（包括马蹄、莲藕、香芋和慈菇等）；八步开山白毛茶；钟山和富川的中药材产业等产业也迅速发展。特色农产品基地和现代农业示范园正在建设当中，特色农产品的种类不断增加，品牌影响力也在不断扩大，产品的质量和附加值也在不断提高，农民收入稳步增加。

表 1-2   2011 年以来贺州的国内生产总值及农业产值情况

	2011 年	2012 年	2013 年
GDP	350 亿	393.9 亿	423.9 亿
GDP 增长率	13%	9.0%	8.7%
农业总产值	120 亿	135.6 亿	140 亿
农业总产值增长率	5.2%	6.1%	3.2%
第一产业占 GDP 比重	25.3%	23.1%	21.8%
种植业产值	57.4 亿	74.0 亿	92.4 亿
种值业增长率	5.5%	5.81%	4.1%
农民人均收入	4963 元	5823 元	6400 元

资料来源：作者根据调研所得资料自行整理

从表 1-2 可以看出，贺州国内生产总值增长速度要明显高于农业总产值的增长速率，也高于种植业的增长速率。目前贺州区域基础设施建设逐步改善，依靠良好的区位优势，引入外商投资，合适的产业扶持政策，产生了大批特色农业产业。

表 1-3   贺州主要特色农业播种面积（亩）和产量（吨）

		2011 年	2012 年	2013 年
茶叶	播种面积	149800	155000	175000
	产量	6500	7500	7750
马蹄	播种面积	102000	103000	105000
	产量	198000	202000	220500

		2011 年	2012 年	2013 年
蔬菜	播种面积	809370	836175	975000
	产量	1317671	1373400	1464000
烟叶	播种面积	80265	84750	91425
	产量	10806	12069	13310
红瓜子	播种面积	57960	58785	62340
	产量	3816	4027	4334
桑蚕	播种面积	14505	15480	15735
	产量	2089	2162	2117

资料来源：贺州市农业局经作站

表 1-4　贺州各县区主要农作物播种面积　单位：万亩

	富川				昭平			钟山			八步			平桂		
	水稻	脐橙	烤烟	蔬菜	水稻	茶叶	桑园	水稻	贡柑	蔬菜	水稻	蔬菜	开山白毛茶	水稻	蔬菜	马蹄
2011 年	24.31	23.2	3.09	21.64	30.4	14.7	2.55	31.98	2.1	13.5	45.1	32	0.2	26.11	15.42	4.29
2012 年	24.4	25.2	3.42	23.5	30.01	16.0	2.8	31.78	5.5	14.5	45.2	32	0.2	25.96	16.24	3.97
2013 年	24.59	27.2	4.07	23.96	29.96	17.06	3.01	31.69	7	17.5	45.6	28.9	0.2	26.15	17.16	4.08

资料来源：各个县区农业局 2011—2013 年度工作总结

　　上面数据选取了贺州主要的农作物（包括水稻和蔬菜）和有特色的农作物（包括脐橙、烤烟、贡柑、马蹄等）的播种面积。这些农作物的播种面积一定程度上反映了农产品的规模和产量。

▲ 八步区优质脐橙生产基地

◀ 八步区蔬菜基地

总的看来，各县区水稻播种面积均占首位，这与贺州的自然环境、地理位置以及原有的农业基础关系密切。但是，2011—2014 年水稻的播种面积并没有明显的增长，昭平县的水稻播种面积还略有下降。

▲ 平桂管理区鹅塘镇超级稻种植基地

种植面积排在第二位是蔬菜，如此大面积的蔬菜种植与贺州定位为"粤港澳的后花园"和"菜篮子"有很大的关系。但是，受限于耕地面积、农村劳动力和市场需求等因素，蔬菜的种植面积从 2011—2014 年也并没有明显的增长。

2011 年以来，脐橙、烤烟、茶叶、马蹄、贡柑等种植面积快速增长，这是发展贺州特色农业产业化的结果。贺州调整农业结构和发展特色农业对贺州农业的发展起着十分重要的作用。

（一）贺州特色农业产业化特征

贺州农业的发展一直强调要合理利用贺州资源优势和区位优势，大力发展特色农业。经过多年发展，形成了以蔬菜、茶叶经济作物为主，以脐橙、贡柑、三华李等亚热带水果产业，以及烤烟和马蹄产业为辅的特色农业产业体系。在产业集群化的强力发展下，特色优势农业产业聚集效应逐步凸显，并呈现出以下几个特点：

（1）具有明显的地域性，生产规模逐步扩大，发展时间漫长

贺州特色农业产业化具有很强的地域性，按照三县两区划分特色农业产业情况如表1-5所示。

表1-5　贺州特色农业集群化区域分布情况表

集群化产业	所在区域
脐橙产业	富川
贡柑产业	钟山
茶叶产业	昭平、八步开山镇
马蹄产业	平桂
烤烟产业	富川、钟山
蔬菜产业	富川、八步、平桂、钟山
桑蚕产业	昭平

资料来源：作者通过调研访谈自行整理

目前对于产业化的程度没有统一的统计口径和分类标准，我们认为在一定地域内已形成一定种植规模且有较多农业企业聚集的称之为集群化产业。表1-5所列即为目前贺州特色农业产业集群化的突出代表，与广西全区特色主导农业产业还是有很大的差别。

表1-6　广西特色农业产业区域分布情况表

特色农业产业	所在区域
甘蔗产业	南宁、贵港、柳州、崇左、来宾
木薯产业	南宁、饮州、梧州、柳州、玉林、百色、北海
桑蚕茧产业	河池、南宁、来宾、柳州、贵港
茉莉花产业	南宁横县
芒果产业	百色市的右江区、田阳县、田东县
香蕉产业	南宁、钦州、玉林市
罗汉果产业	桂林永福县、临桂县和龙胜县，柳州融安

资料来源：唐玲：《广西特色农业产业集群化发展研究》，广西大学硕士论文，2013。

广西地区的特色农产品以经济作物和热带水果为主，而贺州除桑蚕茧产业与广西全区主要特色农产品相同外，其它特色农产品都具有更加区域性的特点。

贺州特色农业在产业规模方面，利用2013年的产业数据进行说明，如表1-7所示：

表1-7　贺州特色农业产业相关行业的生产规模情况

	面积（万亩）	产量（万吨）
脐橙产业	33	29
贡柑产业	3.5	3.2

	面积（万亩）	产量（万吨）
茶叶产业	17.06	0.79
马蹄产业	10.3	21.5
烤烟产业	8.88	1.3
蔬菜产业	95	146
桑园产业	4.12	0.22

数据来源：贺州市农业局 2013 年工作总结及各县区工作总结、贺州市水果办。

从这些数据得出结论，贺州的这些特色农业中，蔬菜产业种植面积最大，产量最多，而脐橙产业和茶叶产业规模则稍微逊色一点。马蹄产业和贡柑产业是小区域性质的。总的来说，脐橙产业和茶叶产业的辐射的范围比较广，当地的农户70% 以上种植本地的特色农产品。[1] 但是，各个不同的特色农业产业，种植的规模也很不相同。总体来讲，贺州特色农业产业的发展呈现出种植和生产规模逐步扩大，辐射范围越来越广的趋势。

本来农业产业就具有特殊性，农产品的种植需要大量时间，而对于特色农业产业来讲，其发展必定要经历比较长的时间，才可能成为一个产业。因为特色农业除了种植需要时间外，企业对特色农业产业的市场评估也需要一段时间，这就使得特色农业相关产业在短时间内难以聚集。另外，水利、道路、贸易市场等与农产品的加工、物流、批发、销售密切相关的基础设施的建设也需要很长一段时间，这就使得特色农业产业化和集群化更显得漫长。

以下 6 个表分别为贺州的六个特色农业产业的发展阶段：

表 1-8　蔬菜产业

贺州蔬菜产业发展阶段	时段
蔬菜普通生产	2000 年之前
开始销往粤港澳	2003 年
大规模种植	2010 年
加大扶持力度，开始具有产业化趋势	2012 年——

表 1-9　脐橙产业

贺州脐橙产业发展阶段	时段
引入品种	90 年代初
政府发动干部和农民大规模种植	90 年代中期
开始在国内享有知名度，作为优势产业发展	2000 年——
逐步产业化和集群化	2005 年——

注：脐橙产业发展阶段以富川为标本进行分析

1　数据来源于 2014 年 8 月 28 日对市农业局负责人的访谈。

表 1-10　贡柑产业

贺州贡柑产业发展阶段	时段
引入品种	2000 年左右
政府发动干部和农民大规模种植	2005 年左右
开始在国内享有知名度，作为优势产业发展	2010 年
产业化趋势	2014 年——

注：贡柑产业发展阶段以钟山为标本进行分析

表 1-11　茶产业

贺州茶产业发展阶段	时段
传统普通品种生产	80 年代
引进优良品种	90 年代初
大规模种植，规模化生产	90 年代中期
产业化和集群化	2005 年——

注：茶产业发展阶段以昭平为标本进行分析

表 1-12　马蹄产业

贺州马蹄产业发展阶段	时段
传统普通品种种植	90 年代中期
扩大面积，品种优化	2000 年
龙头企业入驻带动，作为优势产业发展	2010 年
产业化和集群化	2014 年——

注：马蹄产业发展阶段以平桂为标本进行分析

表 1-13　烤烟产业

贺州烤烟产业发展阶段	时段
传统普通品种种植	90 年代初期
品种优化，大规模种植	90 年代中期
种植规模减少	2000 年左右
种植规模回升，产业化趋势	2005 年——

贺州这六大特色农业产业中，蔬菜产业历史最悠久种植面积最多，涉及农户最多，除昭平外，其它四个县区都大面积种植。但是，蔬菜产业在贺州最悠久和规模最大的特色农业产业却是产业化和集群化最低的产业。

▲ 八步区无公害蔬菜种植基地

▲ 八步区无公害蔬菜基地

相比而言，贺州马蹄产业发展时间最短，这归功于龙头企业的带动和当地政府善于抓住机遇，大力扶持，使马蹄产业在五年的时间里从小型弱势产业发展成为平桂的农业支柱产业，并一跃成为贺州特色优势产业。如今，平桂管理区已成为全国最大的马蹄生产基地之一，在全世界也居于前列。[1]

（2）特色农业产业化参与主体逐渐增多，大部分由政府主导

改革开放以来的很长一段时间，贺州特色农业发展缓慢，主要是由于参与的主体是农户，农户主要靠传统的自产自销方式进行生产和销售，没有生产技术和组织的参与，更没有科研机构的介入，难以形成规模种植和产业化，零散的农户难以抵御农产品的自然风险和市场风险。

▲ 昭平县茶叶加工企业生产车间

但是，21世纪以来，随着特色农业产业化的发展，特色农业产业的参与主体越来越多，市和县区政府都参与到产业的发展中，协会组织、合作社逐渐成立，涉农企业纷纷引进和成立，为农业产业化发展带来了诸多便利条件。贺州特色农

---

1 2014年9月1日调研平桂管理区农业局时，该局提供的平桂管理区特色农业发展情况汇报。

业的产业化、集群化过程中，政府承担了绝大部分责任。除了平桂的马蹄是由龙头企业主导外，[1] 其他特色产业或多或少是政府主导的结果。富川的脐橙产业是20世纪90年代，政府动员所有干部种植的结果，昭平的茶叶产业[2]、贺州市的蔬菜产业和其它特色农业都是在政府的主导下呈现产业化和集群化趋势。政府通过出台扶持政策和发展规划、申请国家地理标志、地名商标、创建出口食品农产品质量安全示范区、举办文化交流活动和展览[3]等措施，致使茶叶、脐橙、贡柑等产业逐渐步入集群化。

表 1-14　贺州特色农业产业参与的主体

产业化、集群化产业	参与主体
脐橙产业	果农；乡镇和村干部；政府；专业合作社；富隆、杨氏、富兴、金山果业等农业企业
贡柑产业	果农；乡镇和村干部；政府；专业合作社；杨氏鲜果等企业
茶叶产业	茶农；政府；专业合作社；桂林茶科所；凝香翠茶叶、象棋山茶叶、将军峰茶叶、亿健茶业等120多家企业
马蹄产业	嘉宝公司等企业；农户；政府
烤烟产业	农户；政府；专业合作社；收购商
蔬菜产业	农户；政府；企业
桑园产业	蚕农；香丝绸加工企业；政府

资料来源：作者通过调研自行整理。

（3）企业数量增多，大型企业少，带动能力不强

特色农业产业化会带动大量相关企业在一定地域上进行聚集，昭平茶业产业

1　平桂的马蹄主要由国家级龙头企业嘉宝公司主导（整个贺州只有这一企业是国家级龙头企业），但政府也提供了很多支持，包括把平桂芳林马蹄申请为国家地理标志等。

2　昭平为了加快茶产业的发展，先后出《关于加快茶叶产业发展的决定》《关于推进茶产业经营的若干政策规定》《关于鼓励和促进茶叶企业开拓市场实施方案》等一系列扶持政策。

3　例如，昭平为了茶产业的发展，从2004年以来，先后在北京、南宁、广州等大中城市连续举办了九届广西（昭平）茶王节暨茶叶加工学术研讨会。

化和集群化促使昭平县茶企业由 90 年代的十几家发展到当前的 120 多家。[1]

贺州共有 10 家年销售收入 1000 万元以上的自治区级农业龙头企业，但是国家级的农业产业化龙头企业总数只有 1 家（整个广西有 31 家国家级农业产业化龙头企业），市级龙头企业 34 家，总共只有 45 家上规模企业。贺州的特色农业产业集群化的过程中涉及到的大型龙头企业很少，只有马蹄产业的产业化由龙头企业带动，其他的产业的集群化还没有大型企业参与。

表 1-15 贺州市各县区农业企业和国家级、自治区级和市级农业企业统计表

单位：家

	农业企业	国家级企业 [2]	自治区级企业 [3]	市级企业 [4]
富川	446	0	1	13
昭平	200	0	2	9
钟山	140	0	2	3
八步	239	0	4	4
平桂	200	1	1	6
贺州市总和	1225	1	10	34

资料来源：各县区和市农业局 2013 年工作总结，统计截止时间为 2013 年底。

从统计数据可以看出，虽然贺州农业企业比较多，但大型企业少之又少，带动能力不强。在调研中发现，除了平桂的 8 家农业龙头企业带动比较强外[5]，其它县区的龙头企业带动都比较弱。

贺州农业产业龙头企业数量少，规模小，核心竞争力不强，没有全国知名的企业进驻，能够带领广大农户长久致富的企业更是少之又少。现有的农产品加工企业不仅落后于广东等发达地区，相比于广西区内的桂林等地区也是比较落后的。据统计，发达国家水果加工占鲜果的 70%，我国平均水平为 30%，[6] 而贺州现有的农产品加工企业，设备普遍陈旧落后，加工技术不先进，一般只能搞粗加工，小坊作业多，产品附加值低。农产品加工技术和加工率最高的平桂管理区，加工量也只占鲜品总产的 20%。[7]

由于缺乏龙头企业带动，难以形成完善的监管机制，企业和农户之间的合同履约率很低。当农产品的价格高于订单收购价时，农民不按合同向企业提供农产

1　2014 年 8 月 25 日对昭平县农业局负责人访谈。

2　西部地区农业国家级龙头企业的标准是固定资产 2000 万以上，年销售收入 5000 万以上。

3　广西农业自治区级农龙企业的标准是固定资产 500 万以上，年销售收入 1000 万以上。

4　贺州农业市级龙头企业标准是固定资产 300 万以上，年销售收入 800 万以上。

5　据统计，2013 年平桂 8 家农业产业化龙头企业年销售收入达 29.1 亿元，税后利润总额达 22287.7 万元，出口创汇 13825 万美元，带动种植基地 35 万亩次，养殖畜类 41 万头，养殖禽类 38 万只，带动农户 10.7 万人。
——资料来源：2014 年 9 月 1 日调研平桂管理区农业局时，该局提供的平桂管理区特色农业发展情况汇报。

6　资料来源：王旭，张国珍：《国外农业产业化经营对我国的借鉴》[J]，理论前沿，2005（19）。

7　资料来源：2014 年 9 月 1 日调研平桂管理区农业局时，该局提供的平桂管理区特色农业发展情况汇报。

品；而当农产品市场价格低于订单收购价时，企业又不愿按订单收购，这种分散生产与集中加工销售的矛盾相当突出。我们调研发现，2013年昭平农业企业订单年收购量只占总量的35%左右，且订单履约还不到50%。[1]这严重影响了龙头企业与农户之间的合作积极性，严重阻碍了贺州特色农业产业化的健康、平稳发展。

（4）科技含量低，资金投入有限，特色农产品品牌少

特色农业在产业化和集群化的过程中需要技术上的支持、品种的改良和政府的资金的大量投入。没有技术、科技和信息的支撑，特色

▲ 八步区菜农在采摘无公害蔬菜

农业发展注定是低效的、没有长久竞争力的。发展特色农业，在生产环节，既要对传统的具有比较优势的产品进行改进和提高，又要与时俱进，根据科技的进步和市场的需要发展新的特色产品和服务；在加工环节上，要大力发展加工产业，满足市场需求的多样化；在销售环节上，要发展独特的经营模式，形成完整的产业链。这三个环节都需要技术、科技和信息的强力支撑。

贺州农业技术基础薄弱，开发新产品的技术缺乏，在农产品保鲜和运输等方面与国内外差距较大。贺州作为"粤港澳"的后花园和蔬菜供应基地，每年向外销售鲜、干水果、蔬菜数量较大，这就对农产品的保鲜冷藏要求很高。大力发展特色农业，丰富种类，这就需要提高农产品的科技含量，丰富农产品种类，增强其国内外竞争力。

另外，农业企业利润率都比较低，据课题组对农业企业负责人访谈得知，农业企业年纯利润只有10%左右。[2]因此，金融资本很难投入农业企业。为推进农业发展，国内外都采取扶持农业企业的政策。

本书选取贺州农业产业的技术水平和资金投入水平进行对比分析，如表1-16所示：

1　2014年8月25日对昭平县农业局负责人访谈。

2　2014年8月25日对昭平县故乡茶企业负责人访谈，2014年8月27日对富川福利镇富强果蔬企业负责人访谈。

表 1-16　贺州农业产业的技术水平和资金投入情况

	技术水平	资金投入
脐橙产业	初步形成了种植、加工、储存、保鲜、销售的产业链，规模化标准化生产水平还比较低	果苗肥料补贴；免费技术培训；补贴企业参加农交会；果农贷款时政府补贴利息；扶持龙头企业；病虫害防控
贡柑产业	品种优良化、初步形成了种植、加工、储存、保鲜、销售的产业链，加工能力和水平比较低	
茶叶产业	优良品种的选育与推广、形成育苗、种植、加工、销售完整产业链、桂林农科所提供技术支持	补贴企业宣传、参加东盟博览会等；种苗肥料补贴；贷款贴息；品牌认证奖励；科技研发项目资助；科技培训资助；金融、项目和部门支持等
马蹄产业	品种优良化、采后商品化深加工技术	标准化生产基地建设；专项扶持资金（无偿和贷款）；从广西农科院引进优良品种
烤烟产业	品种优良化、传统的种植加工技术	补贴农户
蔬菜产业	传统的种植、简单包装处理、保鲜冷藏处于起步阶段	无公害生产基地建设；扶持龙头企业
桑蚕茧产业	传统养殖	蚕桑良种繁育体系建设；县、乡、村蚕业技术推广网络
水稻产业	传统的种植加工技术	"一免三补"

资料来源：作者通过调研自行整理。

　　贺州农业产业大多处于现代农业技术的初步阶段，是推广规模化、标准化的技术阶段，除了马蹄产业和茶产业科学技术水平稍高外，其余产业的技术水平还比较低，尤其是蔬菜和水稻，还处于传统农业阶段，是精耕细作的传统农业。另外，虽然贺州政府对特色农业产业的发展非常重视，但投入的资金非常有限。

　　此外，贺州农业企业的品牌建设起步晚，品牌观念不强。贺州有众多优质农产品，但是众多农业企业只是在原料上获得一些微博的利润，另外，还有很多优质的农产品当地连基本的加工企业都没有，直接成为外面企业的原料生产基地。

◀ 八步红瓜子

▲ 昭平县茶叶企业展销

本地农业企业缺乏品牌，附加值高的加工、包装和品牌增值等环节就只能是供给了外地的企业。以我们课题组调研富川朝东镇为例[1]，朝东镇盛产香芋，政府为了农民能更好的生产香芋，通过"民事联解"和"一事一议"等手段大力兴建水利设施，朝东镇香芋种植面积迅速扩大，香芋个头大、品质好，深受消费者欢迎。然而，这么优质的农产品，朝东镇不仅没有一家农业企业对香芋进行简单的加工，更别论进行品牌建设了，就是到香芋收获季节时，当地农民直接以每亩 6000—8000 元卖给收购商，连自己都不去收割。这么好的香芋被湖南和桂林的收购商收购，成为湖南和桂林荔浦香芋品牌的重要原材料之一。久而久之，外地人知道桂林荔浦香芋，却无人知道有贺州富川秀水状元村的香芋。

同样情况还有昭平的茶叶，昭平的茶叶品质和产量都相当高，2013 年，昭平茶叶面积达 17.3 万亩，干茶产量达 7569 吨。[2] 然而全县只有 38 家茶企业通过 QS 认证，10 多个昭平茶品牌，一年本地无法销售 7000 多吨的茶叶。因而，昭平的茶叶大部分是鲜叶直接被收购或是制成干茶叶被茶商收购包装后挂上福建、浙江的牌子卖到全国各地，甚至出口。这样不利于增加农产品的附加值和品牌影响力。

目前，贺州已经拥有一批地域品牌，如英家大头菜、钟山贡柑、平桂芳林马蹄、富川脐橙等，但是众多的农业企业过于依赖现有的区域品牌，没有创出自己的农产品企业品牌，这样不利于贺州特色农业品牌的建立和健康持续发展。

1　2014 年 8 月 27 日对富川朝东镇主要负责人和秀水状元村书记进行访谈。

2　数据来源于昭平县农业局提供的《昭平县推进农业产业化发展情况汇报》。

表 1-17　贺州农业品牌基本情况

	地域品牌/地名商标	企业品牌	备注
脐橙	"富川脐橙"		广西著名商标 农业部农产品地理标志登记
贡柑	"钟山贡柑"		农业部农产品地理标志登记
茶叶		"亿健""昭平银杉""昭平红""昭平绿"等10多个	品牌多次获国际和国家级金奖
马蹄	"平桂芳林马蹄"	"钟山洲星马蹄"	地域品牌获农业部农产品地理标志登记 企业品牌获中国绿色食品发展中心A级绿色产品认定
烤烟			
蔬菜	"英家大头菜"	"田园蔬菜""佳欣果蔬""杨氏果蔬"等	"英家大头菜"获农业部农产品地理标志登记 回龙东寨村蔬菜生产基地获得无公害蔬菜产品认定
桑园			
淮山	"贺街淮山"		农业部农产品地理标志登记
水稻		"富强优质米"	公安镇荷塘村有机稻生产基地获香港论证中心认证

资料来源：课题组调研所得资料进行整理

从这些统计资料我们可以看到，贺州特色农业基本都有了地域品牌，政府在申请地域品牌方面下了很大功夫，但企业品牌却少之又少。企业品牌中有一些影响力的只有茶企业品牌和马蹄品牌，其它农产品的企业品牌影响力微弱。在调研和访谈昭平一家茶企业中我们发现，没有品牌的茶企业或加工点，一斤茶叶只卖到了50—60元，而该茶企业有自己的品牌后，一斤茶叶能卖到300—500元，价格提高了5倍左右。[1]但在调研中我们又发现，这些特色农业品牌地理标志，众多企业却并不喜欢用，也不发展自己的品牌，而是直接成为外地收购商的原料供应商，还没意识到品牌的价值。一个好的品牌，既能够带来成倍提高的附加值，有利于提高农业生产率，实现市场价值，又可以带动相关产业的发展。

（5）农业产业链逐步延长，关联产业增加，但投资环境还比较差

特色农业产业化和集群化的过程一般都会伴随着产业链的延长、关联产业增加、农产品附加值得到提高、参与主体增加，涉及的产业会越来越多，区别于只与农户相关的传统农业，现代特色农业产业不仅与农户息息相关，同时也与企业、科研机构、政府、协会组织等有密切关联。

表 1-18　贺州特色农业产业的上、中、下游产品

	上游产品	中游产品	下游产品
脐橙产业	鲜果	脐橙汁	
贡柑产业	鲜果	贡柑汁	

1　2014年8月25日对昭平故乡茶企业负责人访谈。

	上游产品	中游产品	下游产品
茶叶产业	生茶	干茶	茶园观光、茶文化
马蹄产业	鲜果	马蹄粉	马蹄罐头、马蹄糕、果酱
烤烟产业	生烟	晒黄烟、烤烟	
蔬菜产业	生菜		
桑蚕产业	蚕茧	蚕丝	蚕丝制成品

资料来源：作者根据调研所得资料自行整理

从表 1-18 可以看到，贺州特色农业产业链还比较短，中下游产品还比较少和低端。以发展历史比较悠久的"富川脐橙"为例，拥有广西著名商标和农业部地理标志的"富川脐橙"绝大多数还只是停留在卖鲜果最上游的产品阶段，仅少量被成为加工脐橙汁。而擅长于水果出口的东南亚国家，比如泰国，水果会制成水果干、水果罐头、饮料等。"富川脐橙"目前还只是其它地方的农产品深加工基地的原料提供商。贡柑产业发展时间比较短，产业链和"富川脐橙"类似，还有很大的开发延长空间。

茶叶产业除了卖包装的品牌茶叶外，产业链可以延长到饮料、茶园观光和茶文化甚至是茶工艺等，目前贺州在茶产业链上开始进行深度挖掘，多个茶园观光园正在兴建，茶文化正在兴起。但是，茶饮料目前还是空白仍有待更进一步开发。

马蹄产业因为有龙头企业嘉宝公司带动，技术水平比较高，产业链比较长，下游产品比较多，这增加了产业的附加值。而蔬菜产业作为贺州种植面积第二大的产业，虽然"英家大头菜"申请到农业部地理标志，但产业链还很短，基本还停留在传统农业阶段，只是进行一些简单的包装和冷藏。据调研了解，目前贺州市农业局正与科研机构研制蔬菜汁等饮料制品[1]，延长贺州传统支柱产业——蔬菜产业的产业链，提高附加值。烤烟产业产业链很短，只是原料的生产基地。虽然广西桑蚕产业规模最大、技术水平比较高，但贺州桑蚕产业还处于起步阶段，只有昭平有一定的规模，钟山有几个村有零星发展，但从总体来说贺州桑蚕产业链短。广西桑蚕产业比较发达的县区，比如河池宜州，不仅有蚕丝加工厂，还有几个著名的蚕丝制品商标（如刘三姐牌等），另外还把桑蚕产业链延长到食用菌产业。[2]贺州相邻的蒙山县桑蚕产业发展就很好，有华中工业丝绸等大龙头企业

按照特色农业产业发展的一般规律，随着产业链的延长，各种特色农业产业所涉及到的其他关联产业也逐渐增加。贺州特色农业产业化涉及到多种产业：脐橙、贡柑和马蹄产业从育苗、种植、加工到销售，涉及到肥料业、化学药品业、运输业、餐饮业、饮料加工业等；茶产业更涉及到文化旅游业、食品业、建材业等；桑蚕产业涉及到肥料业、特色饮食业、食用菌业和纺织业等；蔬菜产业关联

1　2014 年 8 月 28 日对市农业局负责人的访谈。

2　资料来源，作者自己调研所得。

产业较多，如包装加工业、食品业、肥料业、化学药品业、物流业等。

特色农业的发展必须有龙头企业带动，这些龙头企业的引进或本土成长，必须有一个良好的投资环境。贺州也一直把"宜商"做为发展的目标之一。但是，由于硬环境和软环境的双向约束，贺州离"宜商"目标还有一定的差距。一个地方的投资环境的发展大概可分为三个阶段：从"能商"阶段，然后发展到"宜商"阶段，最后发展到"宜居"阶段，即"能商"—"宜商"—"宜居"，用我们访谈贺州某一部门负责人的话来说，目前贺州"能商"阶段都还做不到。[1] 这主要源于硬环境和软环境两个方面，在硬环境方面：

一是既有的产业规模偏小，产业配套能力差。贺州特色农业发展还处于初步阶段，企业自身配套能力不强，绝大多数是中小企业，技术水平低、管理粗放，难以为东部产业转移企业和高新技术产业的加工提供配套。虽然贺州从事农业的企业达1530多家，但只有45家企业上点规模，这45家企业中，只有一家评上国家级龙头企业。特色农业整个产业需要一个完整的配套产业体系，没有完整的配套产业，外面的龙头企业就难以引进，本土企业也难以做大做强。

二是山多地少，土地零星，难以连片。农业龙头企业的引进或本土企业的发展，必须有一定规模的、连片的种植基地，以"公司＋基地＋农户"的方式进行生产和经营，这才有利于机械化投入，也有利于减少管理成本。但贺州受自然环境的制约，人均土地面积少，大面积连片的土地规模小且少。制约了本土农业企业规模扩大，也制约了农业龙头企业的引进。

三是道路、水利等农业基础设施投入偏低。由于贺州财政总量小，"工业反哺农业"等措施也显得有点力不从心，近两年来，在"一事一议"和"民事联解"等大力推动下，贺州农村的道路和水利大有发展，但基础设施还依旧落后，有的村甚至还不通水，路还是砂子路，土地灌溉仍是靠天吃饭，无法满足现代特色农业的水资源和物流的发展需求。

在软环境方面：

一是融资环境差，中小企业融资困难。目前贺州的金融业比较落后，农业企业融资渠道单一，仅有银行贷款这一主要金融渠道，现有小贷公司还没能很好的发挥作用。目前贺州只有一家地方性商业银行，而国有银行的贷款门槛比较高，而且贷款的数额有限。农业企业的发展需要大量的资金，以茶企业为例，茶园的建设需要大量的资金，投资周期长，收回成本的时间长，信贷成本高，后期维护费用大，导致闲散资金不愿意进入茶叶种植领域。虽然政府出台了相关措施，安排了专项资金支持茶产业发展，意图借此拉动茶产业各方面的投入。但是，由于茶叶价格一直处于低水平状态，利润减少，而茶叶的贴牌生产又导致利润外流，

---

1 2014年8月28日对市某一部门负责人的访谈。

因此茶叶企业的融资很难。因为融资困难，昭平大量的茶企业只能停留在小作坊作业阶段。

以我们课组在富川调研的一家农业企业为例，该农业企业已通过土地承包和土地入股的方式流转土地500多亩，涉及农户达200多户，2014年已投资了500多万元建成标准化大棚80个，总面积达2200平方米。计划整个2014年投资1000万元，在2014年总投资这1000万元中，从银行贷款仅得到了120万，仅占总投资资金的1/8左右。[1] 在金融上，政府目前能够提供的帮助就只有政府补贴利息这一方式，但这仅能给农业企业一点点帮助，难以帮助企业扩大规模，带动农户增收致富。

二是市场信息建设薄弱。现代农业与传统农业最大的区别之一就是现代农业要面向市场，以市场为导向。"21世纪信息也是生产力"，发展特色农业，必须掌握和分析足够的市场信息，从而做出科学的评估、判断和决策。没有建立有效的市场信息分析预测体系，就很容易出现农户增长不增收现象。目前贺州缺乏大型的农贸交易市场和平台，只有一些传统的农贸交易场所。另外，特色农产品的信息网站也还没有建立。缺乏信息的支撑的特色农业是难有持久竞争力的。

三是政府"尊商重商"的公共服务意识还比较欠缺。按照发展政治学的观点，一流的国家或地区尊重知识；二流的国家或地区尊重财富；三流的国家或地区尊重权力。因此，越是发达的地方就越尊重知识，越是落后的地方，就越尊重权力，官本位也就越严重。可以说，哪个地方官本位越严重，哪个地方就越落后。中国传统文化基因中，就缺乏对商人应有的尊重，中国古代以"士、农、工、商"进行排序，商人排在最后一位。

和大多后发展、欠发达地区类似，某些部门对企业还存在着"吃、拿、卡、要"的现象，一些官员帮助企业解决问题，没有把这些当成是政府应该提供的公共服务，而是当成企业欠政府，当成是企业欠政府官员个人的人情。[2]

如果当地政府欠缺"尊商重商"的公共服务意识，外地企业被"招商引资"进来后，最怕地方政府"JQK"。J，即是说那些官本位严重的地方政府，想尽一切办法，让出各种优惠勾引企业进来投资建厂；Q，即企业一旦有了固定投资，各个职能部门开始把企业圈起来，以各种理由要求企业上供，企业要是不"上贡"，则K，即以各种理由拖延办理各种手续，对企业能卡的就卡。调研时一个企业家开玩笑说，"我们被招商引进来之前是外商，投资之后就变成内商了。"[3]

另外，如果当地政府欠缺"尊商重商"的公共服务意识，那些被招商引资进

1　2014年8月27日对富川福利镇富强果蔬企业负责人访谈。

2　信息源于对多个农业企业负责人的访谈。

3　2014年8月与某一贺州企业家访谈。

来的企业，他们这些企业家不是投资地方，而是投资政府官员。这种官商结合也即资本与权力的结合，这种现象在政治学里称之为"庇护主义"。在这种情况下，每个被引进来的企业都有一个政府官员"庇护"着，就算是违规排放污水和空气污染物，下一级的官员也不敢处理。笔者曾访谈过一个乡镇干部，乡镇干部说他们镇的企业都是市里面领导引进来的，因此平时想去企业进行例行的安全检查都不行，而只有因企业污染，周围群众聚众对企业进行抗议或过激行为时，企业老板还会找到镇政府做群众工作。[1] 正因为如此，企业更多的倾向于投资东部沿海经济发达地区和投资环境优越的地区。

那些被"庇护"着的企业，很容易出现短期行为，冲着地方政府给的优惠和补贴，赚一笔之后就想着离开。因为一旦这个"护主"政府官员调离当地，企业也会跟着离开，而留下一个烂摊子。[2] 但是，如果当地政府有足够"尊商重商"的公共服务意识，政府官员不想着对企业"吃、拿、卡、要"，呈现这种真正的"宜商"环境，企业来当地投资，更多看重的是长远利益，而不是短期投机行为。

21 世纪以来，我国政府机构和职能改革一直提出要建立公共服务政府。贺州在这方面虽然下了很大的功夫，尤其是 2014 年开始新一轮以基层组织职能下沉、更好提供公共服务为目标的"扩权强镇"的改革，但形成"尊商重商"的公共服务意识还任重道远。

---

1 2014 年 8 月与某一乡镇干部访谈。

2 在贺州调研中发现这种现象。

三、贺州特色农业产业的 SWOT 分析

作者试图运用管理学的战略规划工具——SWOT 方法对贺特色农业产业化发展进行系统分析和研究。SWOT 分析是基于内外部竞争环境和竞争条件下的态势分析，把与研究对象密切相关的各种主要优势（Strength）、劣势（Weakness）、机会（Opportunity）、威胁（Threats）通过调查罗列出来，依照矩阵形式排列，并运用系统分析的方法，把各种因素相匹配并加以分析的方法，从中得出一系列相应的结论，而结论通常带有一定的决策性。[1]

（一）贺州特色农业产业化、集群化发展的优势（S）

贺州独特的自然资源优势和区位优势，促进了贺州特色农业产业化的进一步发展。随着贺州对特色农业的重新认识和重视，形成了一批实力较强的特色农业，

▲ 2012 年广西（昭平）茶王节暨文化旅游节开幕式

1　注册咨询工程师投资考试教材编写委员会：《现代咨询方法与实务》，中国计划出版社 2003 年版，第 24-27 页。

▲ 富川县脐橙节

茶叶、脐橙、贡柑产业的优势表现明显。秋冬蔬菜还有巨大的加工潜力。马蹄产业的发展潜力非常大，可以使贺州特色农业实现新的突破。此外，淮山、桑蚕、食用菌、中草药等产业还有巨大的发展空间，优势也比较明显。随着贺州特色农产品基地建设的逐步完善，加工科技水平的提高，"粤港澳"等地对贺州特色产品需求较大，贺州可以利用本地的资源，充分发展特色农业，形成产业化和集群化，形成完整的产业链，在激烈的农产品市场竞争中占据一席之地。

（1）政府扶持

中国沿海发达地区的农业发展表明，发展农业有"三靠"，第一靠就是靠政策，依靠政府扶持。政策可以出效益，政策能够促发展，政策是最大的潜在优势。这是因为：①政府具有配置的职能。政府对公共产品进行优化配置可以极大促进农业产业化的发展。农业产业化、集群化的发展离不开水、电、交通、排污系统等公用设施，而以追求利润最大化的企业是不会提供这种外部性很强的公共物品，这就依靠政府的配置功能来提供。②政府具有分配的职能。由于市场具有盲目性和滞后性等特点，当产品供不应求时，农户为增加该产品种植，投放市场的量会增多，这将会极大的压缩产品的利润空间，从而挫伤农户的积极性；当产品供过于求时，农户为减少该产品的种植，投放市场的量会减少，这将会极大的提升产品的利润空间，从而可能产生垄断，这又会严重的侵害消费者的利益。政府通过垄断定价来纠正不合理收入分配现象，通过税收，补贴和公共投资，调节生产和消费，从而调整社会的收入和福利分配。③政府具有稳定的功能。由于信息的不对称，单独依靠市场的力量不能达到资源的优化配置，政府将通过积极的或稳健的政策，弥补市场的缺陷，寻求产业经济的稳定发展。

贺州市在特色农业产业化的发展过程中，市县政府都划拨支农资金、执行支农惠农政策、扶持龙头企业、加大农业示范园区的建设。另外，还积极争取农业项目立项，集资金和技术，加强农业基础设施建设，改善农业生产环境，提高农业生产水平。

在市一级层面，据统计，2013 年，贺州市一级财政农业支出预算共安排4831 万元资金，比 2012 年增长 11%。全市共争取上级扶持贺州市农业财政专项资金 116180 万元。累计发放农作物良种等各种补贴资金 23328 万元、森林生态效益补偿资金 10106 万元、农机购置补贴资金 2907 万元。[1]

贺州各县区也出台一系列扶持政策，加大资金支持。例如，昭平县从 2003 年开始加大对茶产业的政策和扶持力度，先后出台了《关于加快茶叶产业发展的决定》《关于推进茶产业化经营的若干政策规定》《关于鼓励和促进茶叶企业开拓市场实施方案》《昭平县加快桑蚕产业发展意见》《关于促进农民增收的意见》等对农业扶持政策。[2]2014 年，平桂管理区也出台了《关于加快推进贺州市平桂管理区茶叶产业发展的决定》等一系列措施。富川县划专项资金，通过"一事一议""民事联解"等方式加快建设农村基础设施。

另外，中央和广西自治区政府各职能部门还有对贺州的专项政策支持。例如，贺州作为广西森林覆盖率最高的地方之一，每年获得一定的森林生态效益补偿资金，2013 年森林生态效益补偿资金达 10106 万元。另外，自治区科技厅组织实施广西特色农业生产示范基地，农业高科技示范园、农业科技示范场等项目建设。2014 年自治区科技厅将认定一批自治区级农业科技园区，发布了《关于征求做好广西农业科技园区建设工作意见的通知》（桂科农 [2014]26 号），贺州市已经组织实施创建自治区级农业科技园，并出台了《贺州市创建自治区级农业科技园工作方案》等。[3]

总之，贺州作为广西重要的农业产业基地之一，结合自身实际，先后制定和出台了改善投资环境、吸引人才等有关政策措施，并把特色农业作为农业产业化、提高农民收入的发展重点。

（2）农业产业化的要素条件充分

要素条件即产业化形成的基本条件，大致与地区的自然条件、地理位置、劳动力资源和技术支撑条件有关。贺州特色农业产业化要素条件如表 1-19 所示：

---

1 统计数据来自《贺州市 2013 年农业农村工作总结及 2014 年工作思路》，贺州市农业局提供。

2 资料来源于调研时昭平县农业局提供的《昭平县推进农业产业化发展情况汇报》。

3 贺州市人民政府办公室文件，《贺政办发 [2014]88 号》。

表1-19 贺州特色农业要素情况

特色农业	集聚地	初级要素		高级要素			
		自然条件	普通劳动力	基础设施		高层次劳动力	科研和技术支撑
				交通	其它		
脐橙	富川	地理、气候资源优越[1]	农户多	高速公路即将开通	交易市场、信息平台、质检、运销体系等还不完善	标准化栽培、技术推广、多次开展技术培训	技术中心推广站，统一虫病防控，农产品质量安全检测站
贡柑	钟山	适宜种植	丰富	四通八达			
茶叶	昭平	气候资源优越	人口大县	山区，交通不太便利	城乡建设提速的过程中	传统种植	与桂林茶科所、华南农业大学茶学系、中国茶科所等合作
马蹄	平桂	适宜种植	一般	交通便利	灌溉水利等农业基础设施正在完善	多次开展技术培训	与广西农科院合作，品种优化，疾病防控
烤烟	富川、钟山	适宜	农户多	交通便利	农业基础设施正在完善	传统种植，有多个专业合作社	技术中心推广站
蔬菜	贺州市	适宜	农户多	交通便利	城乡建设提速，农业基础设施正在完善	较少，还是传统精耕细作种植	农产品质量安全检测站
桑蚕	昭平	适宜	人口大县	山区，交通不太便利	城乡建设提速的过程中	较少	有很大缺口
淮山	八步	适宜	人口大区	四通八达，靠近广东	城市功能不断改善	传统种植，缺乏高层次劳动力	有很大缺口

资料来源：作者根据调研所得资料自行整理。

贺州特色农业产业化的发展前提，必须是要素条件要充足。只有自然条件和其他要素条件合适，产业化才有可能形成。要素资源充足是农业产业化的基本条件。

一是贺州具有得天独厚的自然资源。特色农业的发展，要有多种类型的气候与土地资源相结合为基础。贺州处于亚热带地区，属南亚热带湿润季风气候，雨量充沛，雨季长，光热充足，雨热同季。年平均气温20摄氏度，极端最高气温38.9摄氏度，极端最低温度−4℃。年均降雨量1535.6mm，年平均降雨日171天。年无霜期320多天。年平均日照时数1586.6小时，年平均相对湿度78%，平均蒸发量1621.8mm。常年主导风向为西北风，夏季为东风，平均风速1.8米/秒。[2] 同时贺州土地资源丰富、土壤类型多样，适合多种作物生长。

---

1 富川瑶族自治县属于典型的亚热带季风气候，气候温和，阳光充足，年均气温为19℃，年极端最高温度38.5℃，极端最低温度−3℃，全年≥10℃的活动积温为6072℃，雨量充沛，年降雨量为1700毫米，年相对湿度75%。——新华网，《富川概况》，http://www.gx.xinhuanet.com/dtzx/hzdq/fcx/fcgk.htm

2 广西贺州市社会科学界联合会主编：《人文贺州》，世界图书出版公司2013年版，第10页。

农业气候资源包括很多种类，光、热、水、气是其中的四大组成部分。目前的研究文献在分析农业自然气候等条件时，只分析水、热、光三大要素。因为空气资源随时间和空间的变化比较小，造成的生物生产量差异不大，所以可以忽略空气资源的差异。

根据已有研究文献[1]，选择年降水量、10℃年积温和年太阳辐射量作为划分标准，并各分为4级。用这种评价指标体系来评价贺州市与周边各省区中水、热、光单项资源，具体指标见表1-20。

表1-20 水、热、光单项气候资源年总分分级

资源种类	4（丰富）	3（较丰富）	2（欠富）	1（贫乏）
水（年降水量，mm）	> 900	400—900	200—400	< 200
热（≥ 10℃积温，℃）	> 6000	4000—6000	2500—4000	< 2500
光（年太阳总辐射量，MJ/m²）	> 6000	5000—6000	4000—5000	< 4000

资料来源：黄文秀：《农业自然资源》，科学出版社出版，1998年，第157页。

根据以上划分指标，可将贺州及附近各省区分为不同的资源组合类型对比（见表1-21），由表1-21可知，贺州年平均降雨量、热量指标要高于广西平均水平，水和热资源丰富，光资源略欠缺。但从总体上看，贺州属于质量较好的农业气候资源类型分布区。农业气候资源总体平均指标要优于广西平均水平，也优于湖南和江西等广东周边省份。

表1-21 贺州与周边省区农业气候资源比较

地区	年降雨量（mm）	量级	热量指标（℃）	量级	光能指标（MJ/m²）	量级	资源组合类型
广东	1694	4	7660	4	4419	2	442
湖南	1396	4	5457	3	4165	2	432
江西	1596	4	5569	3	4794	2	432
贵州	1226	4	4637	3	3768	1	431
云南	1428	4	4490	3	5179	3	433
广西	1274	4	7483	4	4582	2	442
贺州	1535	4	7541	4	4524	2	442

资料来源：林之光等，中国的气候 [M]，陕西少数民出版社，1985，51；戴贤土编，中国西部概览丛书 [M]，民族出版社，2000，143.

二是贺州具有丰富的生物资源。贺州充足的水、热资源为农作物尤其是亚热带作物的生长提供了有力的保障。贺州生物资源丰富，品种多。就特色农产品来说，主要有粮食、蔬菜、茶叶、烤烟、畜牧等传统优势产品。这些产品在目前仍具有

---

1 黄文秀：《农业自然资源》，科学出版社1998版，第157页。

▲ 富川县春烤烟标准化生产基地

▲ 昭平县沙田柚

▲ 钟山县莲藕

▲ 平桂管理区大平乡腐竹

◄ 八步区辣椒种植基地

◀ 八步区李子丰收

较强的竞争优势。而具有特色的、发展迅猛产品，包括脐橙、贡柑、马蹄等，具有很强的比较优势和竞争力。而潜在特色产品主要有中药材、桑蚕、食用菌、淮山、红瓜子、三华李等。

三是贺州区位优势明显。贺州市是湘、粤、桂三省区的交界地，历史上有"三省通衢"之称。距桂林 170 公里，距广州 260 公里，国道 323 线和 207 线贯穿全境，洛湛铁路、贵广高速铁路以及广州至贺州、桂林至梧州、永州至贺州高速公路经过贺州。贺州是大西南地区东进粤港澳和出海的重要通道，是中国—东盟自由贸易区、西部大开发和泛珠三角区域合作的战略结合点。[1]

▲ 贵广高铁贺州站

在铁路方面，洛湛铁路北起河南洛阳市，南至广东省湛江市，是中国"八纵八横"铁路干线之一，是中西

▲ 广贺高速公路

1 广西贺州市社会科学界联合会主编：《人文贺州》，世界图书出版公司 2013 年版，第 25 页。

贺州市交通示意图

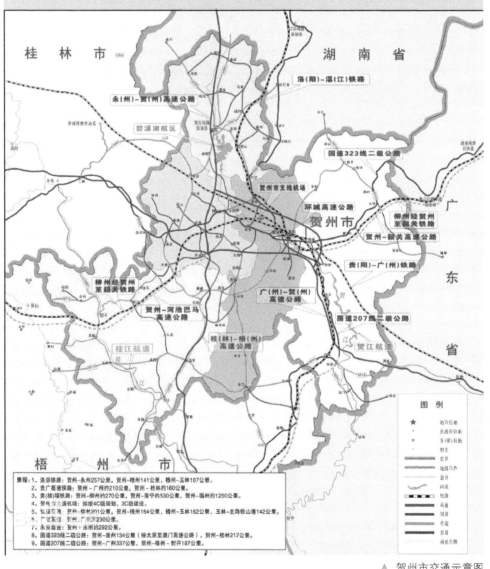

部地区至华南地区及沿海地区深水港口的重要出海通道。洛湛铁路广西段北端途经贺州市所辖的富川、钟山和八步。2009 年 7 月 1 日起开始货车运输。而粤桂黔交通大动脉——贵（州）广（州）高铁贯穿贺州全境，在贺州设有钟山西、贺州、贺街站。贺州经高铁 1 个小时即可到达广州，使得贺州融入珠三角 2 小时经济圈，实现当日可往返香港和澳门。

在公路方面，207、323 国道和三条道干线贯穿贺州全境。2008 年下半年，桂林至梧州高速公路开始，贺州到桂林两江机场只需 2 小时，2009 年底，广州至贺州高速公路开通，贺州到广州白云机场仅须 2.5 小时。贺州至梧州高速公路也已开通，正在动工建设的汕头至昆明调整公路也都穿过贺州市，明年将动工的还有来宾至贺州的高速公路。

在水路方面，在贺江贺州港信都作业区可以进入珠江。

贺州临近广东，在交通便利方面事实上已成为"东部"成员。贺州把自己定位为面向"粤港澳"，做"粤港澳"的后花园。贺州农业产品也是以"粤港澳"为主要市场，贺州地处湘、粤、桂三省区的交界地，公路、铁路、高铁运输发达，而且还有水路贺江信都作业区出海通道，如此地理区位和交通对于资源产品的集散及输出具有较大的竞争优势。

贺州的资源产业开发（包括特色农业）一旦规模化进行，贺州的区位优势，将会吸引西部其他地区（包括湖南、贵州和广西其它地方）的资源向贺州"东进"。贺州凭借在交通、信息人文等方面的优势，以及临粤、港、黔、川等省入粤必经贺州的地缘优势，将使贺州成为东部发达地区产业梯度西移的最合理继承者。

目前，中国的物流成本还比较高。据统计，2013 年中国物流成本占 GDP 的 18%，而发达国家的物流成本，比如美国，日本等，只占 GDP 的 10%。[1] 按照比较优势理论，特色农产品的竞争力主要源于三个方面：一是价格优势，也就是别人有你也有，但你的价格比别人低；二是差异性，也就是说，别人没有而我有；三是，专业性，别人有，我也有，但我做得更加专业。农产品的物流成本占总成本比较大比重，贺州的交通和独特的区位优势，与其他地区相比，可以大大降低了空间和时间的交易费用，降低成本，这有利于提高贺州农产品的竞争力，也有利于贺州农业参与国内外农业的地理分工，为国内外市场提供有竞争力的特色农产品。

（二）贺州特色农业产业化、集群化发展的劣势（W）

贺州特色农业产业和集群化虽取得了一定的成效，但整体发展水平仍处于形成阶段，深化发展和集聚程度还有很大的提升空间，未来的发展过程中会受到以下因素的制约：

1 《我国物流成本现状分析及对策建议》，光明日报，2013 年 6 月 13 日。

▲ 八步区香芋种植基地

（1）农业基础设施依然薄弱

近些年来，贺州的道路交通基础设施得到了很大的改善，但农业的基础设施依然薄弱。一是水利设施老化，水利设施漏水淤堵严重。

贺州仅 2012 ～ 2013 年度冬春农田水利建设渠道防渗 480.28 公里，渠道清淤 2463 公里，新增有效灌溉面积 0.32 万亩，恢复有效灌溉面积 7.98 万亩，改善灌溉面积 24.02 万亩，[1] 某些工作量比区内一些农业大市还要高，可见水利设施老化的程度。二是农业装备水平低，目前贺州大部分特色农业种植还是传统的精耕细作的种植方式，农业机械化

▲ 富川县无公害蔬菜基地

程度比较低。据统计，2013 年，贺州农作物耕种收综合机械化水平为 40%，水稻耕种收综合机械化水平为 58.4%。[2] 三是，农业抗御自然灾害的能力不强。农业生

---

1 贺州市农业局提供：《2013 年农业农村工作总结及 2014 年工作思路》。

2 同上。

产既要面对市场风险，又要面对自然灾害风险，自然灾害包括干旱、洪涝、冰雹、倒春寒、霜冻等。面对这些气象灾害，贺州虽然在不断地提高科学防灾和减灾能力。仅 2013 年就新建农村气象电子显示屏 33 块，乡镇覆盖率达 50% 以上，行政村的气象信息员覆盖率达 100%，制作发布气象服务信息 79 期；重大气象信息专报 7 期。[1] 但是，农业面对自然灾害，除了准确的信息之外，更需要农业基础设备去应对，这些设备设施包括大棚、保鲜冷柜等。而贺州农业的大棚种植面积比例很低，保鲜冷柜数量特别少。这一方面由于大棚和冷柜这些设备一次性投入比较高。根据我们调研得到一组数据，普通的大棚的设施每亩需要花 2.4 万元。[2] 农户普遍重收成，轻投入，这种一次性投入对于农户来说是一个不小的数额，而农户从银行所得贷款的额度非常少。另外，对于农业企业来说，需要投入一大笔资金购买冷柜，

而冷柜需要长年运行，耗电量比较大，而贺州目前对于冷柜是按照工业用电来收费，而不是生活用电来收费。工业用电价格大概是生活用电价格的两倍。这无疑又增加了农业企业的成本。我们调研得知，外地很多做保鲜冷柜的农业企业有意进入贺州，但大多企业因电价问题而犹豫不前。[3]

总之，由于财力有限，贺州农业基础设施依旧还比较薄弱，

▲ 昭平县黄姚古镇居民晾晒豆豉

▲ 钟山县贡柑外销

1 贺州市农业局提供：《2013 年农业农村工作总结及 2014 年工作思路》。

2 2014 年 8 月 27 日对某一农业企业负责人访谈。

3 同上。

这制约了农业产业化和集群化发展，也影响了农民的增收。蔬菜产业停滞不前就说明了贺州农业基础设施依然处于落后状态。

（2）农业产业化程度低，土地流转困难

贺州农业产业结构单一，结构不合理。以目前贺州农业产业化最高的平桂管理区为例，目前平桂管理区特色农产品的生产主要是一家一户种植，面积分散。整个平桂管理区除了马蹄、晒烟的种植面积成规模外，其它的特色农产品如，莲藕、慈姑、芋头等只是基本满足本地市场。[1]

目前贺州的产业化更多的是生产初级农产品，产业链主要是上游产品占大部分，科技含量低，附加值低。贺州现有龙头企业在畜禽肉类、水果、水产品、食

▶ 富川县黄花梨

◀ 钟山县双季莲藕

1　平桂管理区农业局提供《平桂管理区特色农业发展情况汇报》。

▲　八步区贺街镇淮山种植基地

用菌等农业产品加工产品很少。而正规的特色农产品生产型企业少之又少。在农产品加工生产上，多是小企业和小厂家，只能搞简单粗加工，小坊作业，产品附加值不高，农产品转化增值率低，效益并不凸显。

另外，企业之间缺少沟通合作机制，没有发挥出合作效益，企业缺乏对特色农业产业化和集群化的主动性，这很难带动特色农业向产业和集群化方向发展。

贺州地处山地和丘陵，人均占有土地少，土地零散而不连片。大企业的进驻需要大面积的、集中的生产基地。而贺州由于土地包产到户特别彻底，基本没有集体用地。所以，有大企农业企业入驻就需要大面积的土地流转，这样大面积的土地流转涉及到农户就很多。以我们调研的富川县福利镇富强果蔬为例，投资规模 1000 万元，流转仅土地 500 亩，就涉及农户 200 多户，老板得一家一户做农户工作。[1] 可以想像，如果一家投资过一亿元的龙头企业要进驻贺州，流转 5000 亩的土地，那可就得要做好上 2000 户口农户的工作。而且如果有其中几户不同意流转，那么已流转的土地就难以连片，这就无形中增加了成本。

因为土地流转比较困难，因此，区内外各地比较流行"公司＋基地＋农户"或"公司＋农户"的生产模式。但在贺州，"真正有意义的土地流转还没有，也就是说农民还没有彻底从土地解脱出来。"[2]

因为利益联结机制还不够完善，企业与农户利益联结程度不高。只有少部分龙头企业与农户有稳定的契约关系，大多数还是简单的买卖关系，一体化经营尚未真正实现。一旦受到市场冲击，受害的往往都是农民。据调研得到资料，企业

1　2014 年 8 月 27 日对富强果蔬农业企业负责人访谈。

2　2014 年 9 月 1 日对某一农业局负责人的访谈。

▲ 平桂管理区规模化种植秋冬菜

农产品订单收购量只占总量 35% 左右，且订单履约率还不到 50%。[1]

▲ 昭平县仙回乡罗汉果种植基地

我们在调研中，各县区的农业局负责人都反映当地的农业产业龙头企业规模不大，带动能力还不强的问题。比如，茶产业比较发达的昭平县。2013 年，全县农业产业化重点龙头企业中，年销售收入上亿元的没有，7000 万元以上的有 1 家，500 万元左右的有 10 家。但"缺少规模大、效益好、品牌响、带动能力强的大企业、大集团。"[2] 土地流转的困难，制约了龙头企业的引进和本地农业企业的发展壮大。

（3）市场开发程度低，农产品流通受制约程度大

贺州特色农产品市场初步建立，在生产、加工、销售、物流体系等方面还不完善，生产特色农产品的农户处于小而散的状态，特色农产品的加工企业初具规模的很少，市场开发程度还比较低。贺州特色农产品中，除了马蹄外，其他的特

1　2014 年 8 月 27 日对某一农业局负责人访谈。

2　昭平农业局提供的《昭平县推进农业产业化发展情况汇报》。

色农产品加工率普遍较低。目前，贺州马蹄种植面积、加工和出口能力均位居全国第一，马蹄粉产量占全球的70%。[1]特色水果脐橙、贡柑都鲜有加工企业的参与，果农生产出来的特色水果直接销售出去，这些特色水果地当地基本没有加工成罐头食品等，产业链亟待延长。而贺州的蔬菜大部分直接成为东莞蔬菜中转基地的原料提供地，连基本的保鲜加工都很少。

除了产业链亟待延长外，贺州特色农业的市场也需要大力开发。目前，贺州特色农产品中，除了马蹄产品以国内外为主要市场外。其它产品，如蔬菜，只是"粤港澳"的供应基地和原料供应商，而脐橙和贡柑，除本地市场外，也只是广东的批发市场的原料供应商。对比区内的百色，百色的农产品芒果直接卖到北京，芒果的深加工产品——芒果干出口国内外。

此外，贺州茶叶也主要以广西区内为主要市场。调研发现，由于昭平茶叶在国内外知名度不高，茶叶出口的价格很低，平均500克只有1美元。也就是一斤茶叶出口只能卖6元钱，是亏本的。[2]所以本土品牌的茶叶很少出口，绝大多数茶叶出口都不是自己的品牌。凡是出口的，不管是出口到哪个国家，经销商都是做自己品牌。实际上昭平茶叶出口是出口原料，这个是整个贺州茶叶出口的基本情况。本土品牌主要还是以广西区内为市场，大部分的干茶只能以原料茶批发卖给浙江茶商再包装。而贺州的淮山、三华李、香芋等，只基本满足本地市场。可以说，贺州特色农业的外向度还比较低，农产品市场还有大力开发的空间。

目前，贺州还缺乏大型现代化的农贸交易市场，各乡镇和县城仍以小集市为主，还没有建立现代化的物流体系。目前连专业的农产品批发交易市场都没有，农户只能是夜晚或凌晨在马路边进行交易，今年因此也出了不少交通事故。流通的组织化程度不高，多数是分散弱小的小商小贩、个体流通户、经纪人或代理人。他们在经营中大多被动地等待市场的反应，不能起到为引领、引导和扶持生产，降低市场风险的作用，有的甚至靠在收购农户农产品时压级压价以求得生存，难以与农民结成利益共同体。而政府的市场服务内容单一，目前，贺州农贸市场服务只是工商管理服务，而其他服务相对滞后，尚未和区域外形成现代化的农产品信息网络，信息收集、传递手段落后，时效性差，绝大多数农户不能及时获得准确的市场信息。甚至是市区内的日常生活市场数量少，环境差，农产品少，居民日常买菜都感觉不方便。

另外，农产品物流环节过多且过于繁琐，从而导致农产品物流的整体效益偏低。水果经过采摘、分选、运输、储存等物流环节，损失率高达20%—25%。[3]

---

1 贺州市农业局提供：《2013年农业农村工作总结及2014年工作思路》。

2 2014年8月25日对昭平某一茶企业负责人访谈。

3 2014年8月27日对富强果蔬农业企业负责人访谈。

（三）贺州特色农业产业化、集群化发展的机会（O）

虽然贺州农业产业化发展过程中会受到多种因素的制约，但是也有很多有利于贺州特色农业产业化、集群化的机会。

（1）国内外市场对贺州特色农产品需求空间大

特色农业产业化发展首先必须以市场化为导向，只有巨大的市场需求才可以促进特色农业市场化和集群化。如果没有市场需要，就算品质再好的农产品也不可能产业化。表1-22描述了贺州特色农业产业化涉及的主要产品种类以及国内外市场份额情况，产品主要从初级产品和高级完成品进行阐述和比较。

表 1-22 贺州特色农业市场需求情况

特色农业	集聚地	产品种类		国内市场	国际市场
		初级农产品	完成品		
脐橙	富川	鲜果	脐橙汁	鲜果目前主要销售往广西区内和广东，通过包装加工后销往全国各地	富川是国家级出口食品农产品质量安全示范区，"富川脐橙"获得"中国名牌农产品"称号，曾多次在国内外农业博览会荣获金奖，并被指定为中国—东盟博览会专用果。具有巨大的海外市场潜力
贡柑	钟山	鲜果	贡柑汁	鲜果销往全国各地	没有
茶叶	昭平	生茶	干茶	贴上外地品牌后销往全国各地，本土品牌以区内为主要市场	出口价格偏低，贴上外地品牌后出口
马蹄	平桂	鲜果	马蹄粉、马蹄罐头、果酱	鲜果和深加工产品销往全国各地	马蹄粉产量占全球的70%，出口美国、欧洲和东南亚国家
烤烟	富川、钟山	生烟	晒黄烟、烤烟	广西烟草公司原料生产基地	没有
蔬菜	贺州市	生菜		贺州本地和广东	香港和澳门，是"粤港澳"地区重要"菜篮子"。贺州是国家级出口食品农产品质量安全示范区，"英家大头菜"是农业部地理标志登记保护钟山回龙东寨村蔬菜生产基地获得无公害蔬菜产品基地，出口潜力巨大
桑蚕	昭平	蚕茧	蚕丝	有保护价收购，初级产品销往全国各地	比例很少

资料来源：作者根据调研所得资料自行整理

从表1-22可以看出，产业化比较发达的特色农产品，加工产品都具有多样性，且产业链比较长。我们逐一分析各特色农业产业的市场机会：

1）富川脐橙

2013年，富川脐橙种植面积已达到28万亩，产量29.5万吨。[1]

---

[1] 富川农业局提供，《富川瑶族自治县特色农业产业发展情况汇报》。

"富川脐橙"获得"中国名牌农产品"称号，曾多次在国内外农业博览会荣获金奖，并被指定为中国—东盟博览会专用果。"富川脐橙"具有很好的品质和品牌基础，具有广大的市场开发和升值潜力。

2）钟山贡柑

钟山贡柑产业迅速发展，目前种植面积已达 7 万亩，计划每年新增种植面积 1 万亩。原贡柑主产区广东德庆县因受黄龙病的严重危害，产量急剧减少，这给钟山贡柑填补市场真空创造了机遇。[1] 近年来，钟山贡柑知名度越来越高，钟山也已获得国家级出口食品农产品质量安全示范区。

3）马蹄

贺州马蹄的种植面积已达 10.3 万亩、产量 21.5 万吨。马蹄的种植面积、加工和出口能力均位居全国第一，马蹄粉产量已占全球的 70%。[2] 贺州马蹄产业的主产区有国家级龙头企业带动，优质的马蹄标准化生产基地正在平桂的鹅塘镇和沙田镇兴建，总面积达 5 万亩。以种植从广西农科院引进的桂蹄 1 号和桂蹄 2 组培马蹄为主。并建设一个面积 40 亩的马蹄新品种引进示范种苗繁育基地。[3] 马蹄产业在新品种、深加工和国内外市场占有率有比较大的提升空间。

4）茶叶

贺州的茶产业是一个传统的产业。2013 年贺州全市种植茶叶 17.3 万亩、产量 7900 吨。[4] 绝大多数集中在昭平县，近几年来，昭平茶叶在品牌营销方面取得比较大的成就，本土茶叶品牌已有 10 多家。但总体来说，昭平的茶叶还是处于中低端水平，产品附加值还比较低。我们调研了解到，昭平茶叶没有明显地方特色，茶叶品种都是从外地引进的成熟品种。为提高茶产业的附加值，培育真正属于地方特色的茶。在这方面，昭平正与桂林茶科所和广西农科院合作，培育昭平土生土长的茶——古茶树。[5] 把茶叶产区建设成集茶叶种植，加工、销售及农业观光旅游于一体的茶产业名县。昭平县的茶产业的附加值及品牌有待于进一步开发，而茶文化产业的开发和挖掘还只是在起步阶段，有很大的开发潜力。

平桂管理区正在利用自治区扶贫产业政策，2014 年出台《关于加快推进贺州市平桂管理区茶叶产业发展的决定》政策，大力扶持茶产业发展。按照规划，到 2016 年，平桂茶叶种植总面积将达到 4 万亩。

作为本地特色茶之一的开山白毛茶，属于名优绿茶类品种。有很大的市场潜力尚待开发。八步区农业局正在挖掘开山白毛茶的价值，制定了《八步区开山白

1　2014 年 9 月 1 日对钟山农业局负责人的访谈。

2　贺州市农业局提供：《2013 年农业农村工作总结及 2014 年工作思路》。

3　平桂管理区农业局提供《平桂管理区特色农业发展情况汇报》。

4　贺州市农业局提供：《2013 年农业农村工作总结及 2014 年工作思路》。

5　2014 年 8 月 25 日对昭平某一茶企业负责人访谈。

毛茶产业发展五年规划实施方案》，做大做强开山白毛茶产业。开山白毛茶现有茶园面积仅有 2000 亩左右，大部分为低产老龄化茶园，产量少，2013 年茶叶产量只有 100 吨左右；加工技术水平低，只有三家茶叶加工企业（开山东南茶厂、大宁狗耳山茶厂、黄洞月湾茶园茶厂），大多数茶农还是零星生产手工作坊加工，没有自己的企业品牌。但是，开山白毛茶品质优异，非常畅销，供不应求。八步区农业局：①创建特色茶叶品牌，做好开山白毛茶地理标志登记和有机认证工作；②扩大种植面积，按照规划，到 2017 年，实现开山白毛茶茶园面积由现在的 2000 亩发展到 10000 亩，实现年产茶叶由现在 100 吨发展到 1000 吨以上，产值由现在 100 万元发展到亿元；③提供技术保障，建立白毛茶种苗繁殖苗圃，与广西茶叶科学研究所及广西茶叶协会合作；④把茶叶产区建设成集茶叶种植，加工、销售及农业观光旅游于一体的茶产业名镇。以黄洞月湾茶园为景点，利用黄洞瑶族风情及月湾优美景色，建立以生态种茶、采茶加工、品茶销售为主题，集瑶族风情农业旅游观光为一体休闲旅游景区。[1]

◀ 钟山县甜玉米丰收

▲ 平桂管理区农业生产机械化

▲ 平桂管理区望高镇淮山基地

1　调研时，八步区农业局提供资料：《八步区开山白毛茶产业发展五年规划实施方案》。

▲ 八步区苦瓜种植基地　　　　　　　▲ 昭平县蚕农采摘蚕茧

5）蔬菜

贺州蔬菜种植面积仅次水稻，2013 年种植面积达 95 万亩、产量 146 万吨。主动承接"粤港澳"城市的蔬菜供应，贺州定位为地区"粤港澳"重要的"菜篮子"。贺州近年来还根据需求情况，及时调整蔬菜种植结构，进一步扩大叶菜类速生蔬菜面积，增加耐贮耐运的香芋、淮山、慈菇、莴苣、瓜类等蔬菜种植面积。

目前，贺州蔬菜市场化体系初步形成，生产专业化，布局区域化，实现了从农村副业向农村重要支柱产业的发展，在特色农业产业中的比重也在逐年增加，以"粤港澳"为主要市场，发展潜力大。

6）桑蚕

桑蚕产业主要集中在昭平，也是近几年才发展起来。2013 年，贺州桑园总面积 4.12 万亩、产茧 2200 吨，其中，昭平县桑园面积达 3.1 万亩，产茧 1654 吨。[1]桑蚕产业在贺州还刚刚兴起，农户种桑、养蚕、流通等环节大都分散进行，其种植规模、技术水平、产业链延长等还有很大的提升空间。西部大开发实施后，国家实施"东桑西移"政策，广西抓住机遇大力发展桑蚕产业。目前，广西桑园面积、产茧总量等都排全国第一，其初级产品和蚕丝产品销往国内外。贺州发展桑蚕产业，在广西来说算是比较晚，这是劣势，也是优势，也就是所谓的后发优势，贺州桑蚕产业的后发优势有着比较大的开发空间。

2013 年，贺州市进一步加大与粤、港、澳地区农产品产销共建工作。对贺州特色农产品市场需求越大，农产品生产的越多，越能让企业扩大生产力，从而促使特色农业产业形成产业化和集群化。

1　贺州市农业局提供：《2013 年农业农村工作总结及 2014 年工作思路》。

（2）贺州毗邻的巨大经济体广东对农产品的需求

据不完全统计，近年来珠三角地区蔬菜人均消费量超过 110kg/ 年，总需求超过 1200 万吨，肉类需求旺盛且供给不足，其中，猪肉占肉类消费量的比重超过 60%，猪肉供给不足，肉鸡消费保持在 10 亿只以上，但仍供不应求，需要从广西、江西和海南等周边省份调进……以上数据表明，珠三角地区将成为贺州农产品潜力巨大的市场。

（3）国家和自治区农业政策的实施

从国家层面，从 2004 年以来，"三农" 问题一直是中央一号文件关注的问题。具体到贺州特色农业的发展机遇：

1）珠江——西江经济带

酝酿已久的《珠江 – 西江经济带发展规划》于 2014 年 7 月已获得国务院批复，标志着珠江 – 西江经济带将上升为国家战略。广西已经正式实施《关于西江经济带基础设施建设大会战的实施方案》。根据《方案》，从 2014 年下半年起，广西在 3 年内实施 12 大类共 166 个涉及西江经济带基础设施建设的重大项目，总投资高达 6303 亿元。[1] 贺州作为珠江 – 西江经济带的延伸地带，在区域经济发展中形成有特色、优势互补、分工协作的发展板块。

2）交通基础设施大会战

贺州虽然占有区位优势，多条铁路和高速公路穿过境内，特别是贵广高铁的开通，每天经停贺州的列车达每小时一趟，南宁至贺州动车开通、桂林至深圳动车开通，贺州融入 2 小时大珠三角经济圈。然而，县、乡镇等交通基础设施还比较落后，比如昭平县城和富川县还没有高速路。交通一直是制约特色农业发展的非常重要的瓶颈之一，"要致富，先修路。" 目前，贺州正大力抓住自治区推进 "县

◀ 钟山县烤烟种植基地

1　广西发改委：《关于西江经济带基础设施建设大会战的实施方案》。

▲ 八步区三华李　　　　▲ 平桂管理区黄田镇马铃薯

县通高速、市市通高铁、片片通民航"的重大机遇，推进永贺高速公路复工建设，推进信都至梧州高速公路、贺州至来宾高速公路的工作。同时，在水路方面，加快贺江扩能工程，桂江航道工程等工程建设。[1]

贺州交通基础设施的完善，将降低物流成本，降低物流时间，为加快特色农业产业化、集群化的发展提供了机会。

3）创建自治区级农业科技园

自治区正在出台加快发展现代特色农业的机遇，贺州正与自治区农业厅合作，建设一批现代特色农业（核心）示范区，以获得自治区科技厅自治区级农业科技园认定，辐射带动全市的标准化绿色农产品基地和有机农产品基地建设。目前，贺州已出台了《贺州市创建自治区级农业科技园工作方案》，这个农业科技园包括核心区和示范区。

农业科技园的核心区在贺州市农科所内建设，这个核心区包括：① 600 亩农业新品牌繁育基地；② 500 亩农业新品种、新技术示范基地（农业成果转化基地）；③ 1 个农业科技服务中心，其中包括 1 个农村科技培训中心和 1 个农业科技创业服务中心。这个核心区的技术依托单位包括：华南农业大学、广州市农业科学研究院、广西大学、广西农业科学研究院、贺州学院。

农业科技园的示范区在贺州市辖区内的 9 个广西农业标准化生产技术示范基地的基础上建设，建成 9 个 100 亩的农业科技示范区。[2]

（4）科学技术水平的进步

农业产业化离不开科技的强力支撑，没有科技含量的特色农业难以有持久的

1　李宏庆：《在全市年中经济工作会议上的讲话》，2014 年 7 月 31 日。

2　贺州市人民政府办公室文件，《贺州市人民政府办公室关于印发贺州市创建自治区级农业科技园区工作方案的通知》。

◀ 昭平县秋西瓜喜获丰收

▶ 八步区茄子种植基地

◀ 平桂管理区羊头镇重点企业双寅制丝有限公司生产车间

竞争力。

1）贺州农业机械化水平在进一步提高。2013年，全市农作物总机耕作业面积177100公顷，农作物耕种收综合机械化水平为40%。[1]

2）良种良法得到大力集成和推广。2013年，全市推广应用"三免"技术79万亩、"三避"技术232万亩、测土配方施肥技术245万亩、间套种技术57万亩，绿色植保技术应用面达85%。[2]具体到特色农业产业：马蹄品种正得到更新，从广西农科院引进的桂蹄1号和桂蹄2号组蹄正在大面积推广种植；八步开山白毛茶和昭平古茶树等本地特色茶叶品种正得到培育种植。近年来，西瓜抗18、木薯新选048、新台糖22、新台糖26、粤桑11号等经济作物新品种陆续被引进种植。[3]

3）特色农业的标准化生产基地已初具规模。示范是已被实践证明最有效的创新扩散方式之一，贺州市农业局已与自治区农业厅签订了厅市共建农业标准化示范市合作框架协议，加速推进贺州农产品标准化生产。2013年，全市推广标准化生产技术面积70万亩，建立无公害标准化规模养殖示范场153个，其中国家级标准化规模养殖示范场1个，自治区级标准化养殖示范场6个。[4]

4）质量安全检测体系正在完善。目前，贺州已经是国家级出口食品农产品安全示范区，正在大力实施农产品质量安全监管检测基础能力建设项目。据统计，2013年，全市共定点监控蔬菜、水果、茶叶生产基地210个/次，市场（批发、农贸、超市）183个/次，共抽检蔬菜、水果、茶叶等农产品样品5579份，平均综合合格率继续保持全区领先。[5]

（四）贺州特色农业产业化、集群化发展的威胁（T）

用SWOT分析法分析贺州特色农业产业化、集群化。其中：

优势（S），是内部因素，具体包括：当地政府出台扶持政策；气候和资源条件好；地理位置优越；规模经济；产品质量；市场份额；成本优势等。

劣势（W），是内部因素，具体包括：农业基础设施薄弱；资金短缺；农业产业化程度低；土地流转困难；市场开发程度低；农产品流通受制约程度大等。

机会（O），是外部因素，具体包括：新品种；新市场；新需求；科技水平进步；外部政策（国家和自治区）支持；竞争对手失误等。

威胁（T），是外部因素，具体包括：新的竞争对手；替代产品增多；市场紧缩；行业政策变化；经济衰退；客户偏好改变；突发事件等。

1　贺州市农业局提供：《2013年农业农村工作总结及2014年工作思路》。

2　同上。

3　同上。

4　同上。

5　同上。

具体分析贺州特色农业产业化、集群化的威胁（T），具体包括：

竞争对手多，产品可替代性强；农产品市场不稳定；市场信息不对称等。

（1）竞争对手多，产品可替代性强

贺州特色农业市场主要面向"粤港澳"，其竞争对手比较多，就广西区内而言，最主要的竞争对手是梧州，区外主要是广东的清远和云浮、怀集这些广东的两翼地区。论气候条件，贺州、梧州、清远、云浮四个地级市地理接近，贺州没有明显优势。论区位条件和交通基础设施，贺州处于劣势，省级合作的粤桂产业合作示范园区落户梧州，而且地处"三圈一带"（珠三角经济圈、北部湾经济圈、大西南经济圈和西江经济带）交汇节点，自古以来便被称作"三江总汇""两广咽喉"，是中国 28 个主要内河港口城市之一。贺州、梧州、清远、云浮、怀集五个地级市地理接近，农产品同质化水平比较高，竞争比较激烈。

1）茶叶

广西茶叶在全国知名度比较低，而广西茶叶知名度最高就是梧州的茶叶。贺州毗邻梧州，气候条件相似，茶的口味差别不大，但以"六堡茶"为代表的梧州的茶叶更具知名度，茶产业也是梧州特色农业大力发展的产业之一，贺州在大力发展茶产业，提高产品的品牌和附加值方面面临着激烈的竞争。

2）贡柑

贡柑原是云浮德庆县特色农业的支柱产业，主产区主要在广东，而只是由于受黄龙病的危害，产量急剧下降。钟山抓住机遇大面积种植，使贡柑成为钟山特色农业产业之一。未来两三年，如果原主产区的黄龙病得到解决，投放到市场的贡柑将会急剧增加，而贡柑价格将会受到很大波动。这也是贺州贡柑产业必须面对的可能威胁之一。另外，农产品本身的可代性就很高，贺州贡柑产业还面临替代产品的威胁，比如柑橙，广东有大面积种植，梧州也有大面积种植。

3）蔬菜

广西是全国最大的蔬菜生产基地，多年来产量一直排名全国第一，2013 年，广西蔬菜种植面积达 10407 万亩，产量达 2246.40 万吨。2013 年，贺州种植蔬菜面积 95 万亩、产量 146 万吨。[1] 贺州的产量只有广西总产量的 6.5%，只占广西总量的 1/15。广西大面积种植蔬菜主要以外向型为主，销往境内外，贺州仅是广西蔬菜产业一小部分，竞争优势不明显。

4）脐橙

"富川脐橙"具有比较高的知名度，但在国内市场上，也面临着激烈竞争。这种竞争除了可替代产品（如亚热带水果）的竞争外，还面临着同质化的竞争。并且目前没有利用电子商务营销手段，也只是为经销商提供果品。

---

1 广西壮族自治区统计局：《广西统计年鉴 2009 年—2013 年》。

5）桑蚕

2013 年，广西的蚕茧产量达 29.6 万吨，多年来一直排名全国第一。贺州桑蚕产业才刚刚起步，2013 年产茧 2200 吨，仅为广西总产量的 0.74%，还不到广西的百分之一。[1] 相比而言，贺州桑蚕产业，各方面都毫无竞争力可言，目前仅是农民增加收入的一种方式，还没有形成所谓的产业化。

（2）农产品市场不稳定

受气候条件、消费者偏好改变、突发事情（病虫害）等因素影响，农产品市场波动幅度比较大，直接影响着农业生产的规划布局和农民生产的积极性。以茶产业为例，2010 年，贺州茶叶种植面积 13.6 万亩，2012 年达到 16 万亩，2013 年达到 17.3 万亩。[2] 种植规模在逐步上涨，但富川的脐橙则经历种植面积急剧增加，后急剧下降，后又缓慢回升的情况。

（3）信息不对称

特色农业产业化必定以市场为导向，市场信息非常重要。在农业产业中，市场信息的不对称表现在：农产品的市场交易中买方和卖方对产品的质量、性能等方面所了解的信息不对称而影响产品的交易；农业科技信息的不对称，制约科技成果的推广；农民信息观念不强，信息不灵容易出现"增产不增收"现象。

表 1-23　贺州特色农业市场信息传递情况

特色农业	集聚地	市场信息传递	公共服务
脐橙	富川	薄弱	把技术推广给广大的种植户、病虫防控、免费培训、扶持专业合作社、基地认证
贡柑	钟山	薄弱	
茶叶	昭平	传统的信息平台	把技术推广给广大的种植户、举办茶王节、示范基地
马蹄	平桂	没有专门的信息网站	把技术推广给广大的种植户、基地认证、示范基地
烤烟	富川、钟山	基本没有	免费培训、技术推广站技术推广、扶持专业合作社
蔬菜	贺州市	没有专门的信息网站	推广标准化生产技术、示范基地、农业科技园、基地认证
桑蚕	昭平	基本没有	技术推广站技术推广，为农户提供技术，保护价收购

资料来源：作者根据调查整理。

由此可知，贺州市场信息建设还很薄弱，目前还没有专门的市场信息网站和平台。没有市场信息的支撑，难以做强特色农业产业，最多只能成为特色农业产业链中最初级的一环。

（五）SWOT 分析的结论

通过上述分析可以发现，贺州市特色农业产品开发优势大于劣势，机遇多于

1　广西壮族自治区统计局：《广西统计年鉴 2009 年—2013 年》。

2　贺州市农业局提供：《2010 年—2013 年农业农村工作总结》。

威胁。

表 1-24　贺州市特色农业发展的 SWOT 分析结果

类型	具体表现
优势 (S)	政府扶持；贺州具有得天独厚的自然资源； 贺州具有丰富的生物资源；贺州区位优势明显
劣势 (W)	农业基础设施依然薄弱；农业产业化程度低，土地流转困难； 市场开发程度低，农产品流通受制约程度大
机遇 (O)	国内外市场对贺州特色农产品需求空间大； 国家和自治区农业政策的实施；科学技术水平的进步
威胁 (T)	竞争对手多，产品可替代性强；农产品市场不稳定；信息不对称

　　以贺州特色农业发展的内在条件 SW 为纵轴，外在环境 OT 为横轴，构建以 4 个坐标象限为骨架 SWOT 战略分析图，不同象限采用不同的开发战略模式。将上述分析结果放入 SWOT 战略分析图中，贺州市特色农业发展的 SWOT 分析结果应处于第一象限，即应该采取分散战略 (见图 1-1)，利用各种优势，以避免各种威胁。即利用自然条件优势和区位优势，以"粤港澳"为主要市场，向北方扩大市场范围，提高蔬菜包装能力，延长蔬菜的产业链；利用既有的马蹄市场占有率，成立马蹄市场交易平台和中心，掌握马蹄的定价权；开发茶园观光和旅游等等，发展具有贺州特色的农业，避免过多的同类竞争。集中力量把资源优势转化为产品优势，把区位优势转化为市场优势。

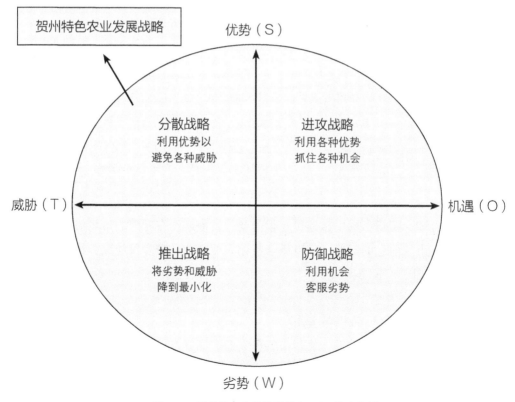

▲ 图 1-1　贺州特色农业发展的 SWOT 战略分析

四、贺州特色农业产业化、集群化的路径选择

（一）国内外特色农业产业集群化的实践经验

（1）国外的实践经验

农业产业化，国际上通常称之为农业一体化，是指以市场为导向，以效益为中心，依靠科技进步和龙头企业带动，对农业和农村经济实行区域化布局、专业化生产、一体化经营、社会化服务和企业化管理，形成贸工农一体化、产加销一条龙，"公司＋农户＋基地"相结合的农村经济经营方式和产业组织形式。[1]农业一体化最早产生于 20 世纪 50 年代的美国，最出名的是美国加州的葡萄酒产业集群化以及荷兰的花卉产业集群化。每个国家和地区都有其独特的策略以发展产业，综合起来包括以下几点：

1）有发达健全的农业合作组织，重视龙头企业的建设和培育。美国、日本、欧盟等国家都十分重视对农业协会以及生产者协会等农民性机构组织的扶持和引导。农民的各种利益会受到所参与的合作组织的维护，能及时得知行业信息，合理调整特色农产品的种植，促进特色农业产业的发展。

以美国为例，其经营形式归纳起来主要有 3 种：一是农业的合同制经营。这种形式是通过工商运输大公司与农场主签订合同的办法，把农业生产资料的生产和供应，与农产品的加工和销售联结起来，形成产供销（或产加销）的有机综合体。美国的绝大部分农产品如饲料、肉鸡、水果、蔬菜、蛋等都是根据合同生产的。二是农场主合作社经营。这种形式是由若干农场主自愿联合组成合作社，通过合作社联合经营农业。这种合作社并不改变家庭农场的经营地位，它主要为农场主提供包括农业生产资料供应，农产品收购、销售、储运、加工等产前、产中、产后各个环节的服务。三是农工商综合企业。这种形式是指大公司直接投资经营大农场，并把农业生产资料的生产和供应、农业生产本身、农产品的加工和销售，乃至科学技术研究等各个环节联结起来，组成有机的农工商综合体。

以邻近我国的泰国为例，其经营形式主要有：农业合作社、"政府＋公司＋银行＋农户"经营模式和家庭农场生产模式。农业合作社是在不改变土地所有制

1　郭生河：《国外农业产业化发展经验及启示》，载《福建农业科技》，2012 年，第 3—4 期。

的基础上，由农民自愿组织，实行民主管理，并为农户提供有偿服务。政府不干涉合作社具体事务，但在贷款和税收等方面给予优惠扶持。[1]

2）形成利益共享、风险共担的经营机制。农业产业化经营组织与农户之间形成利益共享风险共担的经营机制是农业产业化经营发展的本质，是维系农业产业化经营存在和发展的基础，也是提高农民进入市场组织化程度的核心和关键所在。在美国，通过农业的合同制经营、农场主合作社经营和农工商综合企业等产业化经营组织形式和利益调节机制，使农业生产的供、产、加、运、销等部门间形成"利益共享，风险共担"的利益共同体；在泰国，特别是通过"公司＋农户"的经营形式，把小农的个体经营纳入公司社会化大生产的协作范围，并与农户结成利益共同体。[2]

3）政府对农业支持力度大，农业保障体制健全。英国农业法明文规定，政府支付修建农业基础设施所有费用的2/3，这些农业基础设施包括农场道路、供电系统等。法国一直在财力上加大对农业的扶持力度，平均每年用于农业方面的中长期贷款总额折合人民币达160多亿元，其他类别的农业贷款总额约270亿元，规定凡符合政策要求和国家计划的项目均可得到优惠的贷款，利率为4%—6%。欧共体通过制定干预价格（最低价格）与门槛价格（最低进口价格）等措施，保护农民利益，以防谷贱伤农。[3]

4）特色农业产业布局合理，强化特色农产品质量标准体系建设。美国的农业是世界上最发达的现代化农业，通过长期演进，已形成玉米带、棉花带、畜牧带等10个各具特色的农业带。美国的蔬菜生产，50个州中有37个州从事商品蔬菜生产，但主产区主要集中在中南、西南、东南的亚热带地区和北方地区，形成四大产区：西南冬季蔬菜基地，其产量占全国首位；中南冬季蔬菜基地；东南冬春早熟蔬菜基地，产量占全国的1/3左右；北方冷凉蔬菜产区，主要生产洋葱、马铃薯等，以上四个产区的蔬菜产量约占美国蔬菜总产量的90%左右。荷兰是农业产业化高度发达的国家，区域化布局突出，大田作物主要分布在东北部，水果主要分布在东南部，西部主要是花卉蔬菜和畜牧。[4]

欧盟的农业产业标准是在国际上普遍认为最完善的。正是因为欧盟拥有健全的农产品质量标准体系，重视农产品质量安全问题，在全球享有很高的信誉，具有很高的竞争优势，同时也成为其他国家参考的典范。

5）着重构建农业信息化平台。发展农业高科技化和信息化，能提高市场信息的传播速度和扩散范围，减少农户的对市场信息不对称问题，即时了解特色农

---

1 郭生河：《国外农业产业化发展经验及启示》，载《福建农业科技》，2012年，第3—4期。

2 员金松：《国外农业产业化发展模式分析》，载《合作经济与科技》，2010年2月号上。

3 同上。

4 李买生：《国外农业产业化发展模式》，载《沿海企业与科技》，2007年第10期。

业产业的市场状况，才能更好的生产和销售好自己种植的特色农产品。美国是农业信息化最发达的国家之一，全国的各大中型农场均装有全球定位系统，利用电脑进行农业生产机器监管的农户占一半以上，把直升机利用于耕作和生产监管的农场占所有农场的 1/5。发达的农业信息化，为集群化产业提供深化途径。[1]

（2）国内的实践经验

改革开放以来，国内许多地方慢慢出现农业产业化和集群化，并逐渐表现出较强的产业竞争力带动了地区经济的发展。全国范围内已有一批著名的特色农业产业集群，如山东寿光蔬菜产业集群、云南斗南花卉产业集群、金乡大蒜产业集群、宁夏中宁枸杞产业集群、河南漯河肉类产业集群、江苏无锡蔬菜产业集群、河北清河羊绒产业集群、新疆兵团棉花产业集群等。国内推进特色农业产业化、集群化的做法主要有以下几点：

一是充分发挥政府的作用。国内所有的特色农业产业化，都与政府的政策扶持有莫大的关联。政府不仅制定特色农业产业化的规划和扶持补贴政策，而且还创造有利的基础设施条件，提供健全的公共物品服务。

以湖北谷城县发展花椒产业为例。谷城县隶属湖北襄阳市，地处襄阳西部，汉江中游西岸，武当山脉东南麓。南依荆山，西偎武当，东临汉水，南北二河夹县城东流汇入汉江，西北、西南三面群山环抱，地势西高东低。东西长 69 千米，南北宽 66 千米。国土面积 2553 平方千米，2012 年，总人口（户籍人口）59.3 万人。[2]

谷城县冷集镇的花椒这一特色产业一直小有名气，自从谷城县冷集镇开始从外地引进优质品种试种花椒以来，由于花椒耐旱性、适应性都较强，适合谷城山坡地种植，加上花椒的市场需求量大，促使谷城的花椒产业迅速崛起。到 2004 年底，谷城县花椒种植规模已达到 8 万亩，年产量达到 3000 吨，成为湖北最大的花椒产区。随后，湖北省政府制定了对谷城、老河口、丹江口三县市的"金三角"花椒板块进行重点扶持并给予补助的政策。为此，谷城县把花椒作为"一县一品"的主打产业，专门出台了《关于突破性发展花椒的意见》。到 2008 年，全县花椒总面积达到 20 万亩，占经济林总面积的 1/3，年生产花椒能力达到 2 万吨，年产值达到 5 亿元，每年增加财政收入 2000 万元，花椒产区农民人均增收 1000 元。县政府同时要求林业部门在退耕还林工作中新栽和补植要突出花椒，交通部门要围绕基地修路，扶贫资金重点用于发展花椒，农发资金主要用于扶持龙头企业加工，信用社尽可能支持农民发展花椒的小额信贷，通过部门联动，力争把花椒产业培育成为谷城的当家产业。谷城县还成功引进推广容器育苗、芽苗移栽、ABT生根粉应用及全光照喷雾扦插育苗、截干造林、高吸水树脂应用等新技术成果，

1　唐玲：《广西特色农业产业化集群化发展研究》，广西大学硕士论文，2013 年 6 月。

2　百度百科：谷城县，http://baike.baidu.com/view/889424.htm?fr=aladdin

建立网络信息服务平台，提高了花椒产品技术及信息服务水平。[1]

湖北谷城县冷集镇之前从来没有花椒种植的历史，在政府各部门的共同努力下，顶住四川花椒的压力，组建龙头企业，获得成功，说明国内在推进特色农业产业化、集群化过程中，政策发挥的巨大作用。

二是汰劣集优。采用恢复与淘汰相结合，去粗存精，重点扶持龙头。广东信宜市的竹器编织产业集群化就是将小企业合并，编织企业从顶峰时期的 1000 多家，缩减到 500 多家。通过优胜劣汰的实施，市场上存在的是竞争力强、发展潜力大、管理体制较完善的企业，通过"强强联手"，特色农业产业化才更容易深化。

三是重视技术的引进和推广。科学技术在农业生产中的推广应用是农业产业化经营发展的必由之路。发达的农业产业，农业科技的贡献率会在 60% 以上。不管是哪个特色农业产业化，发展过程中都与技术有密切的联系。只有使技术创新和推广，特色农业产业的品种结构才会进一步优化，在国内外更具有竞争力和知名度。

以广西甘蔗产业为例，广西糖业一直稳居全国第一，是国内规模最大的精制糖生产基地，2013 年种植面积达 1547 万亩，产品量达 7270 万吨。[2] 有多家龙头企业带动，在 2013 年广西 500 强企业中，糖业企业占有 8 家。每一次甘蔗产业化的深度发展机遇，都是新的技术的引进或创新。甘蔗种植集成技术、甘蔗生产全程机械化等，而最近的技术引进和推广是甘蔗酒发酵技术，制成朗姆酒。广西上思县昌菱公司投资建设的朗姆酒项目开发利用该公司日榨蔗糖 1 万吨，日均产生 7000 余吨末端水及 3000 余吨的酒精废液。对这些末端水、蔗渣提取糠醛，再生产糠醇、糠醛树脂；糖蜜则用于生产酒精，年产万吨朗姆酒。该项目产品和相关技术填补了国内空白，走上一条"蔗、糖、酒、生物化工"一体化的发展新路，大大提高了甘蔗产业的附加值。[3]

（二）贺州特色农业产业化、集群化发展建议

针对贺州特色农业产业化和集群化过程中存在的问题，市和各县区农业部门都提出了有针对性的一些措施，我们根据调研所得的材料整理如表：

1　谷城县委宣传部：《谷城县打造湖北花椒第一县》，http://www.hj.cn/html/200404/30/302407204.shtml

2　数据来源：广西统计年鉴 (2013)。

3　中国新闻网：《广西上思打造"朗姆小镇"造福归侨》，http://www.chinanews.com/qxcz/2012/04-23/3837652.shtml

表 1-25　贺州市及各县区对特色农业的未来的发展方向与思路

	本辖区特色农业未来发展方向与思路
贺州市	继续深入实施"234"农业产业化工程，推进"龙头企业＋基地＋农户""龙头企业＋合作社＋农户"的农业生产模式，加大科技示范力度，提高设施化生产水平； 大力发展生态健康农业产业，建设一批具有特色的绿色农产品生产基地，打造原生态精品形象； 挖掘拓展农业功能，大力发展休闲观光农业，促进农业的一二三产联动发展，提升农业的附加值； 因地制宜开发富硒农产品，重点抓好有品牌、有特色、有基础的蔬菜、茶叶水稻、水果等富硒农产品基地建设，培植一批有一定知名度的富硒农产品品牌； 大力发展标准化生产，推进农业标准化示范市建设； 加大农业投入品监管力度。
昭平	建设农业化基地，培训壮大农业龙头企业； 加快发展现代化农业，推进生态农业新发展； 着力推进特色农产品基地规模化； 大力发展农民专业合作经济组织； 进一步提高农业服务能力； 建立科学的利益连接机制。
富川	着力抓好特色农业产业的规模化、产业化、品牌化、标准化建设； 加快无公害农产品、绿色食品、有机农产品认证步伐，提高农产品质量安全水平和市场竞争力； 大力扶持农业龙头企业，提升农业产业化水平； 力促特色农业产业种植规模上有新的突破、产业发展富含科技含量、品牌建设有市场竞争力，产品生态、环保、安全，增加出口创汇，提高农业生产的整体效益。
平桂	以打造"水生蔬菜之都"为主攻方向，着重打造马蹄、莲藕、慈姑、香芋4大水生蔬菜基地。 1. 推行标准化建设； 2. 实现产业化经营； 3. 打造品牌化产品。
钟山	加强特色农产品示范基地建设，增强科学技术推广应用； 扶持龙头企业，实现产品增值扩销； 培育农村专业合作组织，提高农民组织化程度； 加强品牌建设，实施名牌优质战略； 抓好农民培训工作； 加大投入，夯实农业基础。
八步	着力提升蔬菜产业发展水平； 加快茶叶产业发展，调整优化茶叶品种布局，大力发展优质开山白毛茶； 打造品牌农业； 强化农产品质量安全保障； 强化植物疫情防治保障； 加大科技培训。

资料来源：根据贺州市和各县区农业局提供的 2013 年农业农村工作总结整理。

（三）课题组的对策建议

各县区都针对当地特色农业具体问题提出了有针对性的发展思路和措施。对于贺州特色农业产业化和集群化，我们根据调研和访谈所得资料，针对贺州特色农业产业化和集群化过程中存在的问题，作者尝试提出几点相应的发展思路和建议。

（1）制订贺州市生态农业产业发展规划

对全市的土地、种植业、河流、土壤成分等进行普查，邀请专家、课题组对全市的生态农业产业从空间布局、种植规模进行全面的调研和可行性研究，提出重点发展的产业、种植范围等，根据区位、自然等特点及历史传统等优势去安排

富川县"猪－沼－果"循环农业基地

农产品的种植、加工。

（2）尽快建立特色农业开发项目决策机制

发展特色农业，对所选择目标的符合程度、对优势资源的发挥程度、对制约因素的受限制程度进行综合评判，是项目决策的前提。就目标而言，在发展特色农业时，经济、社会、生态环境三个目标都要兼顾，不可偏废。如果为了突出经济目标，只是少部分人富了，大部分人未受益，这种目标显然是不正确的。因此，为了排除主观因素影响，应尽快建立特色农业决策机制。在进行决策时，要正确选择目标中所涉及的因素的权重大小，并使所选项目与目标要求有较好的适合度。具体决策步骤如下：

第一步，对区域内资源进行综合分析评价，找出优势资源。

◀ 昭平县高山茶园

第二步，在优势资源基础上，聘请有关专家、企业、农民选择特色农业项目。

第三步，确定特色农业的开发规模。首先是通过市场调研，确定所选项目的市场容量、需求标准、市场的分布、产品未来价格走向及在现有技术、劳动力等条件下，所能达到的生产规模和预期收益。其次，在所选目标产业内部，应使农民、企业的利益全面协调并做到公平和效益兼顾，使产加销、贸工农协调发展。如果通过项目可行性分析，就确定并实施，如不可行，则返回重新进行决策。

以我们调研昭平的一家茶企业为例，该企业负责人反映，县农业局和茶叶办的主要负责人每三年换一次，无法专业指导茶产业发展壮大等工作。因此建议政府应该组建一个不随行政人员调离的茶叶专家团队，政府每年通过政府购买服务的方式向这个专家团队购买产业发展、技术和决策等智力服务。这个专家团队的成员其中的1/4是茶科所等农业研究机构的技术专家，1/4是茶企业的负责人，还有1/4是昭平本土的茶专家，1/4是有关茶企业的品牌营销、物流、风险投资等专家或企业负责人组成。[1]

（3）成立特色农业商会，完善企业与企业、企业与农户的利益联动机制

农业产业化经营组织与农户之间形成利益共享，风险共担的经营机制是农业产业化经营发展必经之路，是提高农民进入市场组织化程度的核心和关键所在。目前，贺州因为缺乏龙头企业的带动，企业与农户利益联结程度不高，分散的力量抵御市场风险能力差。另外，贺州农业企业之间的合作程度很低，容易出现恶性竞争。

如何完善企业与农户，企业与企业之间的利益联动机制，在调研访谈中，贺

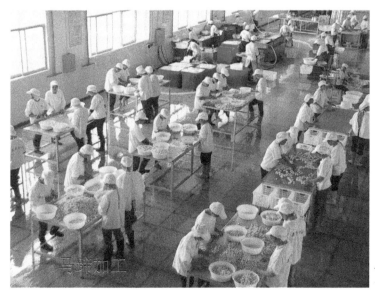

◀ 贺州市嘉宝食品有限公司马蹄加工车间

1 2014年8月25日对昭平某一茶企业负责人的访谈。

◀ 富川县福利镇富强果业合作社种植大棚

◀ 昭平县将军峰茶业有限公司生产车间

州市农业局的负责人提出建议：由市农业局牵头，组织农业企业成立类似于商会、组织化程度比较严密的协会组织，各个入会的企业需要有一定的规模，每年上交一定的会费。这个协会有明确的章程，成员有规定的权利和义务，协会成员之间实现利益联动，信息共享。对违反协会章程的企业，有相应的处罚措施。这样一个协会就可以把企业联合起来，共同做大做强特色农业产业。协会一旦成立，可以完善企业与农户的利益联动机制，因为如果企业违约，这就违反了协会的章程，受到相应的处罚措施。[1]

（4）成立贺州村镇银行，建立农村产权交易平台

农户贷款难，贷款金额少一直是制约农业产业化的瓶颈。特色农业产业化、集群化需要农村金融机构的参与和资助。目前，贺州只有 1 家村镇银行，辐射范围有限。贺州农村小额保险试点工作还处于起步阶段。[2]

1　2014 年 8 月 28 日对市农业局负责人的访谈。

2　贺州农村金融改革试点在八步区进行，据统计，截止 2013 年底，八步区创建"信用村"10 个，共评定信用户 41913 户，建立农户信用信息档案数 66831 户。

因此，建议贺州成立新的村镇银行，给龙头企业提供融资，解决中小企业的资金困难。同时，在各产业化和集群化区域范围设立资金互助机构，设立产业发展基金，方便农户处理短期财政问题。实行"企业+银行+基地+农户"的产业化发展方式。

为解决中小企业和农户的融资问题，考虑建立农村产权交易平台。在这方面，广西百色田东县做了很多有益的探索，作者曾专门调研过田东的农村产权交易平台，很多经验值得贺州借鉴。比如集中开展农村资产确权工作，完善农村"三资"（资金、资产、资源）管理，上市交易的农村产权品种增多，农村资产变现由难变易；经过农村产权交易中心鉴证的农村产权，可以抵押贷款；出台《农村土地承包经营权流转奖励办法》，对大规模的土地流转予以奖励，土地流转必须取得交易中心的鉴证；成立担保公司，县财政出资一定的担保资金等。

（5）构建农业信息化平台

特色农业以市场为导向，只有即时了解特色农业产业的市场状况，才能更好地生产和销售自己种植的特色农产品，减少农户对市场信息不对称问题。调研中，市发改委的负责人建议，可以依托贺州建设智慧城市的机遇，建立贺州特色农业信息网，并建立网上交易平台。用大数据的分析和处理工具分析贺州农业的主要市场——珠三角市场的供求情况，指导贺州种植什么东西，种植规模有多少。[1]

构建农业信息化平台可以具体学习广西横县的经验，茉莉花是横县的特色主导产业，横县建立中国茉莉花茶信息网站，茉莉花茶网上（电子商务）交易平台。[2] 茉莉花产量和花茶产量均占全国总量的 80% 以上，占世界总量的 60% 以上，所以建立茉莉花茶网上（电子商务）交易平台，以期掌握价格主导权。

贺州可以从最现代化的产业——马蹄产业开始做网上交易平台，贺州马蹄产量已达世界 70%，足够掌握价格主导权。

（6）深化农产品流通体制改革，开拓新市场

贺州要有计划地建立各类农产品区域批发市场和冷链设备及物流园，目前贺州没有现代化的农产品批发市场，贺州只是东莞批发市场的原料提供基地。贺州依托区位优势，建立农产品区域批发市场，可以把桂林、柳州还有湖南的产品在贺州整合起来，在贺州加工、包装、贴上品牌，提高产品附加值，再销往珠三角和全国各地。[3] 这样，贺州的农产品交易就可以扩大范围提升其档次，办成粤桂湘三省农产品交易的平台、节会。

1　2014 年 9 月 10 日对贺州市发改委某一负责人访谈。

2　目前，横县茉莉花种植面积 10 万亩，花农 33 万人，年产鲜花 8 万吨，花茶加工厂 150 家，茉莉花产量和花茶产量均占全国总量的 80% 以上，占世界总量的 60% 以上，成为名副其实的"中国茉莉之乡"，茉莉鲜花年销售收入达 7 亿元（花农人均 2100 多元），有力地带动了当地农民增收致富。

3　2014 年 8 月 28 日对市农业局负责人的访谈。

此外，要积极争取国务院批准，开辟贺州通往华中、华东、广东等地区市场的绿色通道，减少中间环节，降低流通费用，解决好农产品"最后一公里问题"，提高特色农产品的市场竞争力。在这方面，百色在铁路沿线建设了一些冷库，他们的农产品开通了开往北京等华北地区的绿色通道，贺州可以借鉴经验。

最后，要拓宽农产品的流通渠道，大力支持和发展各种营销组织和中介组织，讲究营销策略。

（7）加强与国内外合作

为了推动本区经济的发展，贺州应该更多地参加促进经济和贸易合作的论坛，通过与国内外客商进行交流，深入了解各地特色农业产业化发展情况，加强合作，获得很多有益的建议和经营理念，缩短与国内外特色农业的距离，共同进步。

台湾农业比较发达，其很多成功的经验可以借鉴。比如，台湾花莲县自然资源丰富，旅游资源众多，少数民族众多，之前经济发展水平低，近年来，大力发展休闲农业，形成具有花莲特色的农业。

贺州可以在桂台合作示范区内，引进台湾现代农业，组织农业技术人员到台湾培训交流。学习台湾的精致农业、创意休闲农业、农产品的精加工等。组织农户去台湾培训，学习台湾农业的技术，并且带回优良农产品品种回贺州当地进行种植。

贺州特别是可以考虑更多的从珠三角地区引进几个大型农业企业来贺州建设农产品种植、加工合作示范园。

第二章 Chapter 2

贺州特色旅游

发展探讨

旅游业是一个有着广阔前景，对国家繁荣、民族兴旺、社会进步有着重大作用的产业。今天我们已经跻身于世界旅游大国行列，各种层出不穷的旅游形式的诞生，这种旅游形式包括：文化旅游、生态旅游、工业旅游、农业旅游、都市旅游、会展旅游、体育旅游、旅游房地产、旅游教育等形式式多样的旅游形式。传统的单一的旅游形式已不能满足旅游者日益增长的消费观与好奇心。

目前，全球旅游业发展呈现出七大趋势：一是大众化，过去的旅游都是有余钱之人的专利，现在收入水平提高了，旅游已经成为大众化活动了。二是学习化，已经从过去的讲观光，走马观花，到现在的主流是带有休闲性质和学习性质的旅游。三是生态化，工业化和城市化的高度发展，使得人们更加想要回归自然。四是理性化，随着信息传播的便捷化，人们越来越理性，所以不实的广告将失去市场。五是多元化，只有多元化才能满足人们个性化的需求。六是体验化，体验是使人愉悦的一种手段。七是短期化，今后旅游越来越不是长期活动，而是短期和高频率的，比如每周都要出去旅游。[1]

为应对这样的一个趋势，旅游就需要创新，各地就需要挖掘与探索着属于自身独特的旅游产品，树立明确的旅游形象，来增强自身的旅游核心竞争力，以适应不断变化和发展的旅游市场需求。在这些探索当中，"特色游"逐渐受到关注。

1　任媛媛：《中国旅游热点问题》，上海交通大学出版社 2012 年版，第 3 页。

一、特色旅游的特征和类型

特色旅游作为一种新兴的旅游形式，它是观光游和度假游等常规旅游形式上的一种提高和提升，是对传统旅游形式的一种发展和深化，是一种更高形式的旅游活动。学者将特色旅游定义为依托一定地域条件或民族特色面向特定客源市场发展起来的内容丰富、形式多样、主题鲜明、参与性较强的旅游形式。[1]

特色旅游形式是多样的，可以是借助于某种特定的交通工具，如在国外非常盛行的"自行车游"就是借助于自行车来进行特色旅游；也可以是依托当地特色的旅游资源，如近年来很盛行的"老街游""乡村古镇游"等；也可以依托当地的文化，与文化相结合，比如"葡萄酒游"和"美食游"等；也可以是以某种特定目的为目标来进行的旅游活动，如近年来的"高校游""环保游"；更可以是具有一定相同的爱好和愿望，为达到共同的目的而进行旅游的一个特殊的团体，如"绿色游""学艺游"等。

（一）特色旅游的特征

（1）主题性 [2]

特色旅游一定是具有某种特定主题的旅游活动，这一特点是特色旅游吸引旅游者的源泉，在众多旅游形式中走差异化路线，从而提升旅游产品的竞争力。贺州的特色旅游就有特定的主题，比如，休闲养生、茶园体验、民俗风情等。

（2）参与性

特色旅游强调或鼓励旅游者积极参与，在体验中追求富有个性的旅游体验。比如文化旅游，旅游者对异地文化的求知和憧

▲ 富川瑶族自治县瑶族村寨

1　祁丽，谢春山：《特色旅游基础理论研究》，载《吉林师范大学学报（自然科学版）》，2008 年第 2 期。

2　曹雨晨：《重庆市特色旅游产品开发研究》，西南大学硕士论文，2010 年 4 月。

憬所引发,体验异地或异质文化,
直接参与轻松活泼的娱乐活动。
比如生态旅游,旅游者向往回归
大自然,置身于湖光水色、青山
绿树之中,放松高度紧张的神经。

　　旅游本身是一种体验,但体
验经济赋予了旅游新的含义,随
着近年来人们旅游观念的加强,
对旅游体验化的要求越来越高。
旅游者已经不仅仅满足于传统"有
物可看,有话可说"的旅游经历,
而希望通过视觉、味觉、嗅觉、
听觉等全方位的参与或体验,充
分理解旅游地的内涵和特色。

　　(3)多样性

　　特色旅游的多样性表现为:
旅游方式多样化,旅游内容的多
样化,旅游目的的多样化。旅游

▲ 平桂管理区十八水景区瀑布群

形式的多样化体现在自行车游、背包游、自驾车旅游、登山游等;旅游内容更是
纷繁多样,如美食游、田园风光游、森林旅游、民族风情、体育旅游、高等学府
游等;旅游目的更是多种多样,如为了身体健康、探险、考古、修学、购物等。

　　(4)基于特色的旅游资源

　　一个地方发展特色旅游,必定是具有特色的旅游资源,特色旅游资源不仅具
有一般大众旅游资源的共性,而且有其独特性。这些独特性要具有垄断性、典型性、
特异性、区域性等特征突出,能对旅游者产生吸引力,可以为旅游业开发利用。[1]
针对贺州而言,其特色旅游资源的独特性表现在"生态特色""古镇特色""温
泉特色"。

　　特色旅游资源是发展特色旅游的基础,也是创造旅游名牌产品的根基。特色
旅游有别于大众旅游,主题鲜明,注重文化内涵的挖掘,重在参与,鼓励个性发展,
相比传统大众旅游无可比拟的巨大优势。发展特色旅游是当今世界旅游业竞争的
新趋势。另外,那些垄断性、典型性、特异性、区域性等特征突出的旅游资源很
容易发展成为旅游名牌产品。

1　唐沂茂、张瑞梅等:《基于可持续发展理论的西部地区特色旅游资源开发极限效应研究》,科学出版
社 2009 年版,第 39 页。

（5）特定的客源市场

某些特色旅游只针对特定的客源市场，满足差异化旅游者的需要，旅游人数少、规模小。以特色生态游为例，根据学者研究统计，生态旅游客源市场不同于一般旅游客源市场，生态旅游者在人文统计和行为特征上具有以下特点：

1）人文统计特征。①年龄：不同年龄的生态旅游者对旅游活动有不同的偏好，有经验的生态旅游者比一般（正在或准备参加生态旅游的人）生态旅游者年龄要大。如：有经验的生态旅游 35—54 岁的人占 56%，而一般生态旅游者中 35—54 岁的人只占 43%。②文化程度：生态旅游者受教育程度比一般旅游者要高。

2）行为特征。从旅游动机来看，生态旅游者多以大自然为取向，到原生自然区域参观体验。从团队构成来看，生态旅游者趋向于单独旅游。从旅游花费来看，生态旅游者比一般旅游者愿意支付更多的费用。从旅行时间来看，约有 40% 的生态旅游者偏向于两周以上的旅行时间。[1]

◀ 姑婆山森林公园

▶ 黄姚古镇日出

1 任媛媛：《中国旅游热点问题》，上海交通大学出版社 2012 年版，第 29 页。

（二）特色旅游的类型[1]

特色旅游的类型可归纳为以下四大类：

（1）以当地特色文化为依托的特色旅游。如葡萄酒游、土著文化游、美食游、乡村游等。

（2）与当地特有资源(生态资源和人文资源)相结合的特色旅游。如滨海沙滩游、森林游、国家公园游、高尔夫游、海底游、航海游等。

（3）以当地人民特殊习俗、爱好，独特消费观念与价值观为主导的特色旅游。如自行车游、背包游、廉价游、怀旧游、小说游、寻婚游、野餐游、探险游、太空游、遗产游等。

（4）为达到某种用途或某种目的所开展的特色旅游。如环保免费游、绿色游、学艺游、红色游、高校游等。

▲ 平桂管理区十八水景区

▲ 八步区大桂山瀑布

▲ 贺州市姑婆山景区仙姑瀑布

---

1 曹雨晨：《重庆市特色旅游产品开发研究》，西南大学硕士论文，2010年4月。

（三）发展特色旅游的价值和意义

旅游业是一种投资少、见效快、创汇高、收益多、劳动密集型高度综合的特殊经济部门。贺州市已开发或建设的国家 4A 级旅游景区有：十八水景区、姑婆山国家森林公园、贺州玉石林景区、贺州温泉景区、黄姚古镇景区，形成了以森林度假、自然生态、温泉疗养、民族风情旅游为主的有地方特色的旅游业。虽然贺州特色旅游源源丰富，但经济发展还相对落后，产业结构层次低，通过对旅游业的开发，使得旅游业成为贺州的支柱产业。

（1）促进旅游地经济的快速发展

国内外学者对旅游经济影响研究的内容和一般性结论概括如表 2-1 所示。

表 2-1　旅游经济效应的一般特点

积极影响	消极影响
创造社会财富，促进经济增长	引起物价上涨
增加外汇收入，平衡国际收支	引起房地产与地价上涨
调整产业结构，促进第三产业发展	引起居民生活费用上涨
增加就业机会	过分依赖旅游业会影响国民经济的稳定
带动相关产业发展	
平衡地区经济发展	

资料来源：刘益：《欠发达地区旅游影响研究》，科学出版社，2012 年版，第 54 页。

特色旅游作为新兴的旅游方式无论从经济前景还是可持续发展的角度来讲都具有很高的价值。开发特色旅游，可以带动贺州的交通运输、邮电通讯、城市建设、景观修建、环境保护、民族工艺、土特产特产、文化娱乐、生活服务、广播宣传等行业迅速发展，从而促进地区经济的全面发展。

◀ 贺州玉石林

特色旅游也是一个富民产业，旅游还可以带动很多相关产业的就业，而且通过旅游可以带动一个区域的农村面貌的改变，农业产业结构的调整，农民的脱贫致富。对政府而言，旅游必须发展一定程度在财政这方面的反映，在税收中的反映才能显现。特色旅游发展起步阶段，还没有形成一个真正的产业，特别是规模化效应，这时候特色旅游业对当地的财政贡献率不是很高，比如贺州旅游业发展最落后的钟山县，2013 年，旅游产业税收仅为 137.98 万元，仅占全县财政收入4.01 亿元比例的 0.34%。[1] 但是当它成为一个规模化、产业化，而且成为真正的支柱产业的话，它的带动的作用比其他的产业的作用还要明显。桂林阳朔的旅游业已经是一个产业化产业，它基本上没有工业，农业不收税，它基本上靠旅游，阳朔的旅游占它税收的 70%，它税收每年 20—30% 的速度增长。可以说，大力发展旅游产业不但富民还可以富财政，还可以带动一个区域的经济社会的协调发展，而且对稳定还起到很大的作用。

总之，特色旅游能最大限度地整合自然、人力、文化和技术资源等生产要素的生产力，并有力地提高国民生产总值、鼓励民间投资和增加财政收入，因此对经济社会的发展有着极强的联系和带动作用。不仅能够促进发达地区的经济更好更稳的发展，也使部分经济落后、欠发达地区脱贫致富，走上富裕生活的重要途径。

（2）发展特色旅游业可以促进产业调整

旅游业是一项综合带动性强、辐射牵引力大的经济产业，是扩大知名度、提高开放度的形象产业，也是促进经济发展的富民产业。

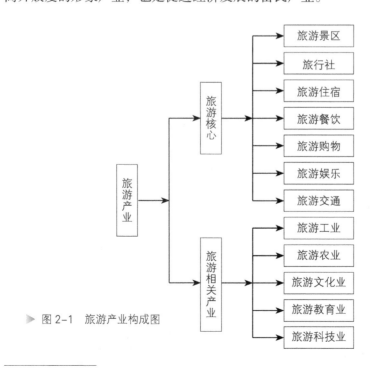

▶ 图 2-1　旅游产业构成图

1　《2014 年钟山县政府工作报告》。

根据学者研究得出结论：旅游产业每增加 100 单位产品的生产，就会拉动其它产业部门增产 50 单位左右的中间产品。其中，食品制造业 13.78 单位；农业 9.63；金融保险业 8.18；石油加工和化学工业 7.21；电水煤气的生产供应业 6.44；纺织业 5.04；货运仓储业 4.82；交通运输设备制造业 3.99；商业 3.39；木材加工及家具制造业 2.82；邮电通信业 2.67；文化办公机械制造业及机械设备修理 2.65；服装皮革毛及其它纤维制品制造业 2.48；电机电气电子通信仪器仪表制造业 2.43；饮食业 2.29；房地产业 2.13；航空客运业 2.08；旅馆业 1.94；文教科卫体育事业 1.73；造纸及文教体育娱乐用品制造业 1.72；居民及其它社会服务业 1.63；建筑业 1.37；公路客运业 1.25；建筑材料及其它矿物制品业 1.22；金属冶炼压延和金属制品业 1.17 等。[1] 这表明，旅游产业带动部门非常广泛，也说明旅游产业对国民经济系统的深度影响。

产业结构代表着一个地方的社会经济发展水平。从产业结构来看，贺州市与发达国家以及国内发达地区都有一定的差距（见表 2-2）。中国第三产业已占 GDP 比重达 46.1%，而贺州仅达 35.6%，不仅低于全国平均水平，也低于广西的平均水平（广西平均水平为 36.0%）。

表 2-2　2013 年国民经济产业结构对比（单位：%）

	美国	中国	广东	广西	桂林	贺州
第一产业	1.0	10.0	4.9	16.3	18.1	21.8
第二产业	20.4	43.9	47.3	47.7	47.8	42.6
第三产业	78.6	46.1	47.8	36.0	34.1	35.6

数据来源：根据公开资料自行整理

贺州经济总量较小、技术基础较差、第三产业较落后，旅游业作为第三产业的支柱产业，可以引领第三产业的发展，增加第三产业在整个国民经济中的比重，推动第一产业和第二产业的调整和升级优化。

2013 年，贺州接待入境旅游者 30.96 万人次，实现旅游外汇收入 9443.68 万美元，接待国内游客 999.13 万人次，实现旅游总收入 101.89 亿元。[2] 占贺州地区生产总值比重已超过 20%，极大地促进了产业结构的调整和优化。

（3）发展特色旅游业可以促进就业

旅游业属于劳动密集型行业，能够吸纳大量劳动力。在与旅游相关的工作中，许多工作都必须靠员工手工操作，而且需要面对面地为客人提供服务，这需要大量的劳动力。另外，旅游业还可以间接或直接带动就业，据有关资料表明，每增加 1 名旅游从业人员，就需增加 5 名间接从业人员。大力发展旅游业已成为旅游

1　高翔：《黑龙江省特色旅游发展分析》，电子科技大学硕士论文，2004 年 10 月。
2　贺州市旅游局提供：《贺州市旅游局 2013 年工作总结及下一步工作开展计划》。

目的地解决就业问题的有效途径之一。正因为此，旅游业促进就业和再就业的功能早已受到高度重视，全国再就业工作会议将其作为增加就业的主要渠道，《国务院关于促进旅游业改革发展的若干意见》(国发[2014]31号文)中也明确指出"旅游业……对于扩就业、增收入，推动西部发展和贫困地区脱贫致富，促进经济平稳增长和生态环境改善意义重大。"[1]

以桂林阳朔为例，阳朔的就业率是全广西最高的，整个阳朔县城从外地到阳朔去就业已经达到6万人，当地没有什么人失业。充足的就业率使得阳朔成为全广西人均城镇可支配收入最高的市县。

根据我们调研贺州市旅游产业最发达的平桂管理区为例，2013年，贺州市平桂管理区旅游产业专职就业人员约为5000人，兼职就业人员约为25000人。[2]平桂管理区总人口41.5万，就业人口大约20万，数字说明平桂管理区旅游业的直接统计就业人员占全社会总就业人员的2.5%，直接和间接就业人口占全社会总就业人口的15%。这说明旅游业可以有效的带动就业。

（4）发展特色旅游业可以有效带动贫困地区脱贫致富

全国许多旅游资源相对丰富地区的扶贫开发实践表明：大力发展旅游业可以有效推动这些农村地区的经济发展、增加农民收入。

首先，发展旅游业可以有效发挥农村既有的资源优势，比如民族村落、古村古镇等，吸引外来投资，发展成为有历史记忆、地域特色、民族特色的旅游小镇，增强农村地区的造血功能。

其次，旅游业能有效优化农村产业结构，使农民摆脱对土地和农业的过度依

◀ 游客在贺州市
姑婆山景区游玩

1　国发[2014]31号文：《国务院关于促进旅游业改革发展的若干意见》。

2　平桂管理区旅游局提供的材料：《贺州市平桂管理区旅游产业发展调研报告》。

赖。旅游业是关联性很强的产业，一个景区的成功开发，比如富川秀水状元村，带动当地了当地的交通运输、餐饮、住宿、娱乐、商业等行业快速发展。我们调研发现，富川秀水状元村当地居民已经投资建成了宾馆。[1]

▲ 富川瑶族自治县瑶族姑娘在宴席上为游客唱歌祝酒

再次，发展旅游业有助于创造就业机会，使得当地的居民就地就业，一方面，可以就地消化农村地区的剩余劳动力，另一方面，可以解决现在农村空心化的社会问题。我们调研发现，富川秀水状元村当地居民自己做导游、开宾馆、开餐馆，并且在路边卖自己生产的土特产。[2]

▲ 富川瑶族自治县抢花炮活动

◀ 游客在昭平县黄姚古镇游玩

1　2014 年 8 月 27 日对富川秀水状元村的调研。

2　同上。

旅游业作为一种劳动密集型产业，许多工作对文化和技术水平的要求不高，当地农民经过短期培训后即可胜任，为贫困地区文化水平相对较低的农民培训就业提供了一条比较有效的渠道。因此，国发 [2014]31 号文——《国务院关于促进旅游业改革发展的若干意见》就是明确指出，要"加强乡村旅游精准扶贫，扎实推进乡村旅游富民工程，带动贫困地区脱贫致富。"而且要"加强乡村旅游从业人员培训，鼓励旅游专业毕业生、专业志愿者、艺术和科技工作者驻村帮扶，为乡村旅游发展提供智力支持。"[1]

　　贺州由于工业比较薄弱，富川和昭平还是国家级贫困县，农村的剩余劳动力大多往广东转移，而通过发展旅游业，走旅游开发与旅游扶贫的道路，让这些地区的剩余劳动力就地就业，解决农村空心化等社会问题，这是一条比较理想和可行的途径。依托贺州区位条件、资源特色和市场需求，开发一批形式多样、特色鲜明的乡村旅游产品，引导、鼓励和帮助当地农民积极投入、参与到旅游相关的生产、经营活动中来，肯定会走出了一条具有贺州特色的旅游扶贫路子。

1　国发 [2014]31 号文：《国务院关于促进旅游业改革发展的若干意见》。

二、贺州特色旅游发展现状

近十年来，贺州市旅游业发展成绩显著，在促进全市国民经济和社会发展中发挥了重要作用。旅游业处于持续快速增长时期，旅游市场健康快速发展，旅游主要经济指标稳步提升，旅游总收入持续快速增长，产业体系不断完善，旅游经济在贺州市经济中的份量不断加重，旅游产业成为贺州市支柱产业之一。

表 2-3　贺州市旅游业 2006—2013 年旅游各项接待指标

项目 年度	入境人数（万人次）	同期对比（%）	国际旅游收入（万美元）	同期对比（%）	国内人数（万人次）	同期对比（%）	国内旅游收入（亿元）	同期对比（%）	全市接待游客总人数（万人次）	旅游总收入（亿元）	同期对比（%）
2006	10.86	16.15	2114	25.53	298.67	12.28	13.95	20.78	309.53	15.7	21
2007	12.21	12.4	2787.80	31.85	315.00	5.47	16.05	15.01	327.21	18.1	16.18
2008	12.95	6.08	2976.41	6.76	357.75	13.57	20.06	25.02	370.7	22.13	21.83
2009	14.05	8.49	3265.54	9.71	410.08	14.63	25.51	27.16	424.13	27.74	25.35
2010	16.4	16.73	4100	25.55	485.4	18.37	34.77	36.3	501.8	37.4	34.82
2011	22.72	38.49	6323.72	51.28	640.12	31.33	50.62	45.15	662.84	54.73	45.11
2012	26.73	17.65	7630.07	20.66	785.12	22.5	67.77	33.9	811.85	72.59	32.63
2013	30.96	15.86	9443.68	23.77	999.13	27.59	96.05	23.77	1030.09	101.89	40.37

资料来源：2006 年—2013 年贺州市旅游旅游业统计报告、2006 年—2013 年贺州市国民经济统计公报、政府工作报告。

从表 2-3，可以看出，贺州市旅游呈现持续、健康、快速增长的良好态势。"十一五"（2006—2010）期间贺州市旅游总收入年增速在 20% 左右，高于同期全市 GDP 增速约 5 个百分点，2010 年旅

▲ 贺州市姑婆山景区

▲ 昭平县桂江风光

◀ 贺州温泉

游综合收入相当于全市 GDP 的 12%。2011 年至 2013 年，贺州市旅游总收入年增速在 30% 左右，2013 年，贺州 GDP（地区生产总值）423.9 亿元，增长率为8.7%，而旅游业总收入达到了 101.6 亿元，增长高达 26.8%，旅游综合收入占地区生产总值比重超过了 1/5，旅游业作为三产"龙头"的优势地位进一步凸显，旅游业已经成为贺州市国民经济中的支柱产业。[1]

具体到各县区，2013 年的数据统计如表 2-4 所示，可以看到，八步区和平桂管理区的旅游业占地区生产总值比重都超过了 1/4，成为国民经济中的支柱产业。

1　据资料统计，2013 年中国旅游业实现旅游总收入 29475 亿元，比 2012 年增长 14.0%。2013 年国内 GDP 达 568845 亿元，旅游业总收入占 GDP 比重的 5.1%。其中，国内旅游市场方面，2013 年，国内旅游人数32.62 亿人次，比上年增长 10.3%；国内旅游收入 26276 亿元，同比增长 15.7%。入境旅游市场方面，2013 年，入境旅游人数 12908 万人次，比上年下降 2.5%，其中，入境过夜游客人数 5569 万人次，同比下降 3.5%，旅游外汇收入 517 亿美元，增长 3.3%，

表 2-4　贺州各县区 2013 年旅游各项接待指标

项目 县区	接待游客总人数 （万人次）	同比 增长（%）	旅游总收入 （亿元）	同比 增长（%）
钟山	84.9	17.8	7.21	20.16
八步	375.62	25.86	38.41	37.96
昭平	279.42	29.96	26.37	42.54
平桂	200.2	26.8	20.1	35.2
富川	82.8	9	7.83	9

资料来源：2013 年贺州市各县区旅游旅游业统计报告

　　另外，贺州旅游业还保持良好的增长态势。以平桂管理区为例，据统计，2014 上半年，平桂管理区旅游景区和农家乐共接待国内外游客 114.7 万人次（其中境外游客 2.1 万人次），较 2013 年同期增长 17.84；实现旅游收入 12.78 亿元（其中旅游外汇收入 677.4 万美元），较 2013 年同期增长 28.26%。[1]

▲ 八步区大桂山

1　平桂管理区旅游局提供的《贺州市平桂管理区旅游产业发展调研报告》。

三、贺州旅游业的 SWOT 分析

（一）优势

贺州旅游业正处于持续快速增长时期，旅游市场健康快速发展，旅游主要经济指标稳步提升，旅游总收入持续快速增长，产业体系不断完善，旅游经济在贺州市经济中的份量不断加重，旅游产业成为贺州市支柱产业之一。经过多年的发展，正逐渐形成了一些比较鲜明的特征。

（1）旅游资源丰富，类型广泛，有一定的特色，具备发展特色旅游业的先决条件

根据广西旅游规划设计院和广西贺州市人民政府于 2003 年 8 月制定的《广西贺州市旅游业发展总体规划》，该规划根据国家旅游局提出的《旅游资源分类、调查与评价》中旅游资源的分类分级系统，对贺州具有代表性的、组合较好、品位较高的旅游资源单体或复合型旅游资源单体进行实地调查、分析，经过归类比较，发现贺州旅游资源类型丰富、齐全。在全国旅游资源类型的 8 大主类 31 亚类和 155 个基本类型中，贺州旅游资源 8 大主类齐全，31 亚类中贺州有 26 亚类，占到了 83.87%，在全国 155 个基本类型中，贺州有 101 个，占 65.16%。详见表 2-5。

表 2-5　贺州旅游资源类型体系

主　类	亚　类			基本类型		
	全国	贺州	占全国 %	全国	贺州	占全国 %
地文景观	5	5	100	37	12	32.43
水域风光	6	4	66.67	15	8	53.33
生物景观	4	4	100	11	9	81.82
天象与气候景观	2	1	50.00	8	2	25.00
遗址遗物	2	2	100	12	8	66.67
建筑与设施	7	7	100	49	42	85.71
旅游商品	1	1	100	7	7	00.00
人文活动	4	2	50.0	16	13	81.25
合计	31	26	83.87	155	101	65.16

资料来源：广西旅游规划设计院，广西贺州市人民政府：《广西贺州市旅游业发展总体规划》，2003 年 8 月。

为了对贺州旅游资源更直接明了的分析，以贺州旅游目的地的旅游资源为对象，采用国家旅游局编著《中国旅游资源普查规范》中对贺州的旅游资源进行分类。

在《中国旅游资源普查规范》中旅游资源划为类和基本类型两个组分，共6类74种基本类型，分类系统分为三个层次：景系、景类、景型。景系为第一层次、景类为第二层次、景型为第三层次，因此共有3景系、10景类、98景型，这里根据贺州的旅游资源进行对应归类，如表2-6所示。

一级分类	二级分类	典型代表
（Ⅰ）自然旅游资源	（ⅠA）山岳风光	姑婆山、大桂山、滑水冲、五叠泉 桂江—小山峡 有碧水岩、碧云岩、紫云洞等溶洞 钟山荷塘十里画廊
	（ⅠC）河川胜景	桂江、贺江、大宁河
	（ⅠD）湖泊风景	花山、周家、龟山水库、合面狮水库 路花温泉、龙口温泉、大汤温泉、里松温泉
	（ⅠE）飞瀑幽潭	十八水 姑婆山里的仙姑瀑布
	（ⅠF）植被风景	姑婆山、大桂山国家森林公园，滑水冲自然保护区，七冲原始森林
	（ⅠG）风景动物	黄腹角雉、毛冠鹿、穿山甲、河鹿、金猫、林麝
	（ⅠH）气候景观	夏季气温适中适宜避暑
（Ⅱ）人文旅游资源	（ⅡA）文物古迹	八步的临贺故城、龙井村、铺门石城、桂岭三公庙、潇贺古道、富川的秀水村、福溪村、凤溪村、铁耕村、下湾村、昭平的黄姚古镇、钟山古民居
	（ⅡB）近代史迹	钟山粤东会馆、英家起义旧址
	（ⅡC）民族风情	客家围屋、风雨桥、土瑶风俗 瑶族"花炮节"、"求苗节"、"盘王节" 瑶族婚俗、瑶族药浴、瑶族服饰、瑶族歌舞 壮族马灯舞，壮族婚俗，壮族建筑 贺州博物馆、市客家生态博物馆、富川瑶族博物馆、黄洞乡瑶族博物馆、贺州学院瑶群博物馆
	（ⅡD）旅游商品	红瓜子、茶叶、笋干、香菇、木耳、蜂蜜、话梅，其中以昭平茶叶、信都鸡、信都红瓜子、南乡鸭最为出名
	（ⅡE）旅游设施	广西旅游贺州咨询服务中心 贺州国际酒店
	（ⅡF）娱乐设施	公园、游乐场等
	（ⅡG）现代建筑	市政府大楼
（Ⅲ）自然—人文复合型旅游资源	（ⅢA）城市风光	富川县城 一江两岸
	（ⅢB）自然保护区	滑水冲自然保护区、土冲
	（ⅢC）田园	昭平茶园、富川脐橙园、钟山十里画廊

图表来源：《中国旅游资源普查规范》有改动，作者根据调研所得自行整理，把三级分类省去

从表2-6中可知贺州旅游资源类型主要有:

1)自然景观类,包括:
①山体景观,以姑婆山为突出代表,还有大桂山,滑水冲,五叠泉等国家级森林公园或保护区,这些景区内,具有很强的旅游吸引力;②峡谷风光,以昭平的桂江—小山峡为代表;③溪泉景观,主要有贺江、桂江、大宁河等河流,同时还有花山、周家、龟山等水库。此外还有路花温泉、南乡温泉、龙口温泉、大汤温泉、里松温泉等地热资源。这些温泉共同组成了丰富多姿的温泉旅游资源;④溶洞景观,有碧水岩、碧云岩、紫云洞等溶洞景观。溶洞内洞厅、钟乳石、石柱、暗河、石花等;⑤田园风光景观,主要以钟山荷塘十里画廊为代表。

▲ 富川县秀水村风光

▲ 游客在贺州市姑婆山景区游玩

2)人文资源类,包括:①文化古迹,主要有贺州市城南的临贺故城保留着完善的故城遗址,富川的秀水村、福溪村、昭平的黄姚古镇、钟山古民居等;②近代史迹,主要有钟山粤东会馆、英家起义旧址等;③民族风情,包括客家围屋、风雨桥建筑,瑶族"花炮节"、"求苗节"、"盘王节"瑶族婚俗、瑶族药浴、瑶族服饰、瑶族歌舞壮族马灯舞,壮族婚俗等。

综上所述,贺州旅游资源结构中,山体景观类、森林生态景观类、历史文化类和民风民俗类分别占有较高的地位。从资源总量上来说,森林生态类一枝独秀,历史文化类、山体景观类、民风民俗类所占比重也较大。这些丰富、独具特色的旅游资源为贺州市开发特色旅游产品奠定了坚实的基础。

另外,贺州这些旅游资源的空间分布具有"大分散,小集中"的空间分布特征。在贺州市区内,旅游资源的空间分布主要依托姑婆山,在贺州至姑婆山的公路上,沿线还有十八水、路花温泉,贺州石林等旅游景点,地域分布比较集中。在贺州所辖的富川县、钟山县、昭平县也存在着主要景区集中的趋势。在富川县,秀水村、富溪村、百柱庙、回澜风雨桥都集中在富川的西北部,各个景点的距离较近。

▶ 中国－东盟国际汽车拉力赛在姑婆山景区举行定速赛

在昭平县，最为主要的景点黄姚古镇与周家水库集中在一起。钟山也存在主要景区集中的特点。总的来看，贺州旅游资源空间分布主要集中在"一核心，三带"，一核心是指以贺州市区姑婆山为核心的景区带，三带既富川：秀水—富溪村（百柱庙）—回澜风雨桥，昭平：黄姚古镇—周家水库，钟山：碧水岩—十里画廊。[1]

（2）旅游业属于探索和参与阶段，还有巨大的开发空间

加拿大地理学家巴特勒(Butler)在 1980 年提出的旅游地生命周期理论，这个理论目前被人们普遍接受并广泛应用。他在《旅游地生命周期概述》一文中，提出旅游地生命周期的六个阶段 (见图 2-2)，并提出了每一阶段的指示性特征和事件 (见表 2-7)。

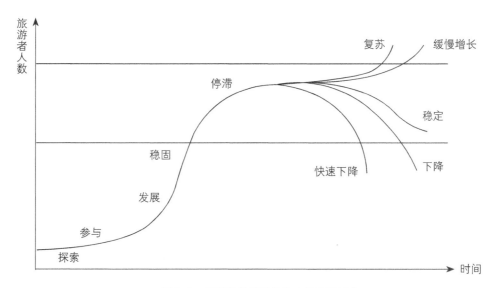

▲ 图 2-2 巴特勒的旅游地生命周期曲线[2]

1 广西旅游规划设计院，广西贺州市人民政府：《广西贺州市旅游业发展总体规划》，第 10 页，2003 年 8 月。

2 Butler RW. The Concept of a Tourism Area Cycle of Evolution，Implications for Management of Resources[J] .The Canadian Geographer，1980，24(1):5-12.

在最后阶段有五种可能性：第一，深度开发取得成效，具体表现为旅游者持续增长，标志着旅游地进入复苏阶段；第二，经过小规模的改造，旅游者人数增加，但增长缓慢；第三，工作重点在维持目前的容量，控制旅游者人数下滑的趋势，让其保持稳定的水平；第四，由于忽视环保，资源利用过度，旅游地竞争能力削弱，旅游者人数明显下降；第五，灾难性事件如战争、瘟疫等的发生，致使旅游者人数急速下降，想恢复到原有水平相当困难。

表 2-7　旅游产品六阶段特征[1]

阶段	阶段排序	特征
探索	1	只有零散的游客，没有特别的设施，其自然和社会环境未因旅游而发展变化
参与	2	旅游者人数增多，旅游活动变得有组织、有规律，本地居民为旅游者提供一些简陋陋食宿设施，地方政府被迫改善设施和交通状况
发展	3	旅游广告加大，旅游市场开始形成，外来投资剧增，简陋食宿设施逐渐被大规模、现代化的设施取代，旅游地自然面貌的改变比较显著著
稳固	4	游客量持续增加但增长率下降，旅游地功能分区明显，地方经济活动与旅游业紧密相连，常住居民中开始对旅游产生反感和不满
停滞	5	旅游地和文化的吸引力被"人造设施"取代，旅游地良好形象已不再时兴，市场量的维持艰难，旅游环境容量超载等相关问题随之而来
衰落	6	客源市场在空间和数量上减少，对旅游业的投资开始撤出，当地的投资可能代替撤走外来投资，旅游设施也大量消失
复苏		全新的吸引物取代了原来的吸引物，或开发了新的自然资源

贺州市旅游资源非常丰富，旅游资源类型多样，拥有森林、山地、河流、湖泊、温泉、石林、古城、古村等多种类型的高品位旅游资源，但开发程度还很低，还有巨大的开发空间和价值。

目前，贺州已开发的旅游资源主要有：两个国家级森林公园——姑婆山国家森林公园、大桂山国家森林公园；黄姚古镇；十八水；贺州温泉、里松温泉；紫云洞、贺州石林；客家围屋。这些旅游资源已经开发成旅游产品，但还属于参与或发展阶段。

另外有一些比较有名的旅游资源，包括：钟山十里画廊、碧水岩；南乡温泉群；有千年古城、全国重点文物保护单位——临贺故城；有历史秀水状元村，目前都还在招商引资或基础设施建设阶段，还没有投入商业运营，还属于旅游产品最初的探索阶段，这些旅游资源只有零散的游客，没有特别的设施，其自然和社会环境未因旅游而发展变化。

以贺州旅游业发展程度最低的钟山县为例，钟山县山川灵秀、风光秀丽，属于典型的喀斯特地貌，拥有十里画廊景区、英家革命旧址、富江河、神龟岛、猴子庵、

1　Butler RW. The Concept of a Tourism Area Cycle of Evolution, Implications for Management of Resources[J].The Canadian Geographer，1980，24(1):5-12.

花山水库等丰富的旅游资源，极具开发价值，但这些旅游资源的开发仍然处于最原始的自然状态。[1]

富川的情况也类似，富川历史文化底蕴深厚、自然生态资源丰富、乡村田园风光美丽、瑶族民俗风情浓郁。有建寨 1300 多年历史、自唐代以来出进士 26 人、状元 1 人的唐代古村秀水村；有久负盛誉宋代名臣周濂溪后裔世居的福溪宋寨，村境内的马殷庙列入国家级文物保护单位、洄澜风雨桥、青龙风雨桥等 2 7 座古风雨桥被列入国家级文物保护单位；县城内有始建于明代年间 500 多年历史的自治区文物保护单位明古城、有极富宗教历史文化的慈云寺和瑞光塔；有号称广西第三大人工湖碧溪湖的山水自然风光区和县城西部的都庞岭原始森林风光等原生态的自然景观；有瑶民聚居风情绚丽的凤溪瑶寨；有盘王节、砍牛节、元宵花灯节、炸龙节和脐橙节等旅游节庆活动。此外，富川瑶族长鼓舞、蝴蝶歌和瑶族刺绣被列入国家非物质文化遗产。这些旅游资就像珍珠一样分布在富川大地，其开发仍然处于最初的开发阶段。[2]

截止 2013 年底，贺州市拥有已开放经营的旅游景区（点）19 个，其中国家 AAAA 级景区 3 个，国家 AAA 级旅游景区 1 个，国家 AA 级旅游景区 2 个。

表 2-8　贺州市 A 级以上景区及开发阶段

景区名称	级别	开发阶段	开发阶段排序
姑婆山国家森林公园	AAAA	发展阶段	3
黄姚古镇	AAAA	发展阶段	3
十八水	AAAA	发展阶段	3
紫云景区	AAA	参与阶段	2
八步区黄洞月湾茶园	AA	参与阶段	2
昭平县桂江生态园	AA	参与阶段	2

资料来源：作者调研所得资源自制表格，资料截止 2013 年底。

贺州旅游资源正因为开发程度比较低，还有着巨大的开发空间，目前正在大力开发旅游资源，努力把姑婆山国家森林公园、黄姚古镇景区创建成 5A 级旅游景区，推进南乡森林温泉旅游度假村、大桂山国家森林公园、里松温泉度假村等旅游项目建设。

1　钟山县旅游局提供：《钟山县旅游发展的现状、面临的困难和问题及工作思路》。

2　富川县旅游局提供：《富川旅游产业发展情况》。

2　贺州市旅游局网站，"姑婆山、黄姚古镇两景区创 5A 相关材料提交自治区旅游委初审"，http://www.hezhou.gov.cn/show.php?contentid=1099

表 2-9　贺州一些重点旅游项目推进情况

项目名称	项目进展情况
黄姚古镇 4A 升 5A	已经委托北京江山多娇规划院进行创 5A 提升规划，内部整改和基础设施改扩建也有序进行中。2014 年 9 月，姑婆山、黄姚古镇两景区创 5A 相关材料提交自治区旅游委初审 [2]
姑婆山国家森林公园 4A 升 5A	
临贺故城文化旅游	已签开发合同，三个项目总投资 18.2 亿。其中，2013 年与广西龙之源旅游文化投资有限公司签订了总投资 10 亿元的中华百姓源文化城合作开发协议；与广西临贺文化旅游实业开发有限公司签订了总投资 7 亿元的临贺故城文化旅游项目；引进广西盘王杪椤谷文化旅游开发有限公司投资 1.2 亿元建设盘王杪椤谷生态旅游度假区。[1]
步头杪椤谷旅游度假区	
中华百姓源文化城	
南乡森林温泉旅游度假村	一期建设已完成。
里松温泉度假村	
客家围屋升级改造	改造施工基本完成
八步区黄洞月湾休闲度假区	前期规划，已取得实质进展
钟山县"十里画廊"	正在建基础设施，积极招商引资
昭平县城	按照 4A 标准进行规划建设，正在规划建设
富川环碧溪湖环湖自行车绿道项目	已完成规划

资料来源：作者根据调研所得资料自行整理，截止日期为 2014 年 8 月

（3）区位条件优越，大交通格局基本形成

贺州市地处湘、粤、桂三省（区）交界处，东与广东省肇庆市、清远市毗邻，南与梧州市相接，西与桂林市相连，北与湖南省永州市相邻，是桂东、桂北乃至大西南通往粤港澳地区最便捷的陆路通道，区位条件得天独厚，自古就有"两粤要冲，三湘入桂门户"之称。

在经济区位上，贺州市地处粤港澳旅游经济圈和大桂林旅游经济圈，是接纳粤港澳台经济辐射与产业转移的前沿地带。在旅游区位上，贺州市位于大桂林旅游圈和大珠三角旅游圈的交汇处，是广州——桂林黄金旅游线上的重要节点。随着洛（阳）湛（江）铁路、贵（阳）广（州）快速铁路、桂（林）梧（州）高速公路、广（州）贺（州）高速公路、永（州）贺（州）高速公路等重大交通基础设施项目的建设（建成），贺州机场的规划建设，贺州市将构建"五高三铁两江一机场"立体化交通框架和区域性枢纽城市，贺州已经融入广西区内三小时经济圈和广东"珠三角"两小时经济圈，地缘上的区位优势将逐步转化为经济优势，同时也为贺州旅游业的发展提供了有利条件。

（4）贺州市旅游产品品牌培育取得新突破

贺州市已基本形成以姑婆山国家森林公园、黄姚古镇为主的精品品牌。以南乡森林温泉旅游度假村为主要内容的"温泉之都"也正在推进。贺州市在 2007 年就顺利通过国家旅游局验收，成为中国优秀旅游城市，并建设成"华南生态旅

1　八步区旅游局提供：《八步区旅游局 2013 年全年工作总结及 2014 年工作计划》。

游名城"。在香港举行的 2013 首届中国旅游品牌国际交流推介会暨大美中华·旅游文化紫荆花奖发布会上荣获"大美中华·最具投资价值特色生态旅游城市奖"。

而各县区也培育出了一定的旅游品牌，比如富川，富川已获得中国长寿之乡、中国脐橙之乡、中国历史文化名村（秀水状元村）、中国历史文化古村落、中国风雨桥之乡等称号。[1]

另外，2013 年 7 月，贺州八步区就荣获"中国最美丽休闲度假旅游区"和"中国最美生态文化旅游名区"两项殊荣。[2]

贺州有非常丰富的旅游资源，有森林生态类、历史文化类、山体景观类、民风民俗类等，但是很多的旅游产品不可能四面开花，需要重点突破。贺州多年以来一直重点培育的品牌有两个——黄姚古镇和姑婆山国家森林公园。

1）黄姚古镇，一个有着近千年历史，发祥于宋朝开宝年间（972 年），兴建于明朝万历年间，鼎盛于清朝乾隆年间，是"中国最美的十大古镇"之一。镇内有"六多"，山水岩洞多、亭台楼阁多、寺观庙祠多、祠堂多、古树多、楹联匾额多。有山必有水，有水必有桥，有桥必有亭，有亭必有联，有联必有匾，构成古镇独特的风景。街道全部用黑色石板镶嵌而成，镇内建筑按九宫八卦阵式布局。房屋多为两层的砖瓦结构，建筑精美，工艺高超。

2014 年 7 月 5 日彭清华书记到黄姚调研时就认为："黄姚古镇的自然禀赋在全国是数一数二的，至少在广西是第一。全国几个古镇我基本上都去过，比如说丽江，它是高原一个古镇，它有老房子，有旧街道，但是它的水不如我们黄姚的水，它也引了一些小溪出来，但是总的来讲不如我们的黄姚，更重要它没有古树，没有山，只有老房子和街道，有少量的水。像江浙一带的古镇，他们也是有古街道、古房子、水，但是那些水比我们这个水差多了，它也是没有山的，很少有大树、古树的，真正把古树、古房、水、山、街等等有机的完美的结合，我们黄姚应该算得上首屈一指了。"[3] 贺州一直培育"黄姚古镇"这个旅游品牌，并取得了突破（如表 2-10 所示），而且现在正在全力把它打造成一个休闲、度假与历史为一体的 5A 级景区。

1　富川县旅游局提供：《富川旅游产业发展情况》。

2　八步区旅游局提供：《八步区旅游局 2013 年全年工作总结及 2014 年工作计划》。

3　引自 2014 年 7 月 26 日贺州市政府在南宁召开《发挥向东开放排头兵的作用，把贺州建成广西对接东部和中部地区的重要门户和枢纽》专题座谈会的发言材料。应邀出席座谈会的嘉宾包括：自治区副主席黄日波、自治区人大副秘书长李朝辉，自治区旅游发展委员会主任陈建军，广西日报社社长李启瑞，广西社科院党组书记、院长吕余生，广西大学原党委书记阳国亮，自治区发展和改革委员会副主任李彦平，自治区政府发展研究中心副主任钟文干，自治区农业厅副厅长谢东，自治区文化厅副厅长洪波，广西电影集团董事长匡达蔼，广西交通投资集团党委副书记罗斯卡。与会嘉宾围绕发展战略、现代工业、项目规划、交通建设、生态保护、特色旅游、特色农业、特色城镇以及科技教育支撑等方面为贺州发展提出了许多有针对性、前瞻性、切实可行的意见和建议。

表 2-10　近来来黄姚古镇所获殊荣

年份	所获殊荣
1995	被列入省级风景名胜区
1999	《茶是故乡浓》《酒是故乡醇》演播，开始引人注目
2005	荣获"中国最具旅游价值古城镇"称号
2006	"广西最值得外国人去的 10 个地方"的评选活动中，黄姚古镇获第二名
2006	在"中国最值得外国人去的 50 个地方"评选活动中列第九位
2006	国家级 4 A 景区
2008	中国历史文化名镇
2012	海外华人最喜爱华南历史文化旅游景点
2013	"五星级广西乡村旅游"桂冠

资料来源：作者根据调研所得资料自行整理

2）以姑婆山为核心的区域生态旅游区。这个旅游区从 1993 年开始开发，地理位置位于广西东北部；湘、桂、粤三省（区）交界处的萌渚岭南端广西贺州市八步区境内。姑婆山地处中亚热带气候区，平均气温 18.2℃（姑婆山顶多年平均气温 10℃），方圆 80 公里是天然动植物王国，空气清洁度高，空气负氧离子含量高达 15.6 万 / 立方厘米，被誉为"华南地区最大的天然氧吧"。境内海拔 1000 米以上的山峰有 25 座，最高峰海拔 1844 米，是桂东第一高峰。

截止到 2014 年，姑婆山是广西全区唯一一个综合生态旅游区，旅游区现在的景点主要分为姑婆山顶观光区、天堂顶观光区、仙姑瀑布景区、银河落九天景区、五棵樟大草坪综合区、情人林景区、瓦窑冲景区、锦绣村、九铺香酒厂、方家茶园、野营烧烤场、天然泳池、激情漂流、户外拓展基地等森林休闲及郊野游乐景区，风格各异的电视剧拍摄外景地。[1]

姑婆山以及周边的玉石林和其他的产品都在区域生态旅游区区域内，这个生态旅游区的旅游资源，不但丰富，而且品类高，功能很齐全。贺州一直全力培育"姑婆山生态旅游"这个旅游品牌，并取得了突破（如表 2-11 所示），每年接待游客量在不断提升，知名度不断扩大。

表 2-11　近来来姑婆山所获殊荣

年份	所获殊荣
1996	国家林业部批准为国家级森林公园
2006	国家级 4 A 景区
2009	被自治区林业厅评为"现代林业产业龙头企业"
2013	经公众投票被评为"游客最喜爱的广西景区"
2013	"海外华人最喜爱的华南自然风光景区"
2013	"华南地区最大的天然氧吧"。

资料来源：作者根据调研所得资料自行整理

1　2014 年 9 月 1 日调研姑婆山景区时，姑婆山景区有限公司提供资料。

表 2-12 姑婆山景区三年来接待游客统计表

	境内游客（万人）	境外游客（万人）	总计人数（万人）	税收（万元）
2011 年	38.2584	1.8198	40.1052	57.92
2012 年	28.3053	0.8696	29.1749	41.62
2013 年	54.1618	1.9085	56.0703	65.82
2014 年（1—8 月）	52.8364	1.2174	54.0538	39.5

数据来源：2014 年 9 月 1 日调研姑婆山景区时，姑婆山景区有限公司提供资料。

目前，贺州市正在招商引资，规划在姑婆山、玉石林和十八水的三岔路口建一个有浓郁民族风情的客家小镇，这个小镇有大型的旅游集散中心，把整个以姑婆山为核心的区域生态旅游区域都包括进去，并把这个区域打造一个 5A 级景区。[1]

贺州市已基本形成以姑婆山国家森林公园、黄姚古镇两个的具有号召力的旅游品牌，而且正在引进战略合作伙伴，引入市场机制，加大招商引资力度，把这两个旅游品牌打造成 5A 级景区，使得这两个品牌成为吸引全国乃至世界各地到贺州来一个拳头产品。

▲ 游客在贺州市姑婆山景区观赏杜鹃花

▲ 钟山县十里画廊景区

◀ 八步区黄洞乡月湾景区

1　2014 年 9 月 1 日调研姑婆山景区时，对姑婆山景区有限公司负责人的访谈。

▲ 贺州市姑婆山景区锦绣村

（5）出台了许多发展旅游的具体优惠政策和配套措施

贺州市和各县区政府非常重视旅游业的发展，相继出台了一系列相关政策，为旅游业的发展奠定了坚实的基础。贺州市政府出台扶持旅游业发展的具体政策和配套措施包括：[1]

1）设立促进旅游发展领导机构，切实加强对全市旅游产业发展的领导。2013 年 11 月 26 日，市委、市人民政府把贺州市旅游产业发展领导小组调整为贺州市旅游产业发展指导委员会，这个委员会由市长担任主任，1 名副市长担任常务副主任、3 名副市长担任副主任，由全市涉旅单位主要领导担任委员。

2）出台《中共贺州市委员会贺州市人民政府关于加快旅游业跨越发展的实施意见》（贺发 [2013]13 号）。该实施意见提出的促进贺州市旅游业跨越式发展在财税、土地、投融资、产业融合、奖励等方面的扶持政策，加强组织领导、落实主体责任、增加旅游投入、加强队伍建设、整合旅游资源、强化市场营销、强化监督考核等方面的保障措施。

3）设立旅游发展专项资金。2014 年贺州市财政安排了 1000 万元用于旅游基础设施、贷款贴息、编制规划等项目建设，各县区又自己配套安排 200 万元，由各县区自行使用。而且往后，随着财政收入的增加，旅游发展专项资金也相应增加。[2]

1　贺州市旅游局提供："贺州市旅游局关于贯彻落实《自治区党委、自治区人民政府关于加快旅游业跨越发展的决定》等政策措施情况汇报"，2014 年 8 月 11 日。

2　2014 年 8 月 22 日对市旅游局负责人的访谈。

4）制定奖励政策。其中，对新通过国家A级景区评定委会员评定的国家5A级、4A级景区分别补助150万、20万元；对新评定为五星级的旅游酒店补助50万元；对新创建的五星级乡村旅游区补助20万元，四星级乡村旅游区补助10万元；五星级农家乐补助5万元，四星级农家乐补助3万元。[1]

5）加快推进旅游设施配套建设。市旅游局正加强与交通部门对接，在编制贺州市重点推进的56个项目时，编制了9项214年以后开工的重点旅游交通基础设施项目，目前这些项目所有项目正在积极推进中。另外，贺州市旅游局与中国移动贺州分公司协调关于景区信号扩容和覆盖问题，要求3A以上旅游景区实现移动信号的全覆盖。

此外，贺州市各县区也出台了相应的旅游业扶持政策。例如八步区就出台了《八步区关于加快旅游业发展的实施意见》，富川也出台了《富川自治县党委自治县人民政府关于加快旅游产业发展的实施意见》（富发[2014]6号），在财税、土地、投融资政策等方面进行大力扶持。

以富川瑶族自治县党委，自治县人民政府出台的《关于加快旅游产业发展的实施意见》（富发[2014]6号）为例，在财税政策上，"在自治区分配安排我县的地方政府债券中，每年安排一定数额的债券资金用于支持旅游业发展，其中2014年县本级财政安排300—500万元"，"固定资产投资2000万元以上（不含土地投资）的新建旅游项目，从产生税收第二年起，由县级收益财政将增值税、企业所得税、营业税地方留成增量部分在三年内安排用于该旅游项目建设。"在

▲ 客家围屋全景

---

1 《中共贺州市委员会贺州市人民政府关于加快旅游业跨越发展的实施意见》（贺发[2013]13号）。

土地政策上，"拟建设的重点旅游项目用地，对于选址符合土地利用总体规划、用地较集约、前期工作均已完成、资金已到位的，由国土资源部门优先列入当年的年度用地计划。"[1]

这些政策和配套措施仅是贺州市出台的扶持旅游业发展政策中的一个缩影。

（二）劣势

（1）贺州目前最关键是缺乏精准定位和科学的特色旅游发展规划

贺州大多数景区开发还停留在静态的观赏为主，定位聚焦不够，开发层次低，缺少高品位、高档次、参与性强的休闲旅游产品，竞争力不强，对民族民俗风情资源、生态资源的挖掘还有待加强，知名度和吸引力有待提升；还没有开发出具有地方特色的旅游纪念品，缺少游客和市场相对集中且规模化经营的购物街区；对传统文化的提炼和演绎还很不足，缺乏独具地方民族特色的旅游文艺表演节目。此外，还有市场不够规范、信息不够畅通、管理人才紧缺、综合服务不高等因素，都影响着贺州旅游业的健康快速发展。

（2）对具有贺州特色的旅游产品开发重视不够

特色旅游产品是在依托当地固有旅游资源和充分挖掘当地文化资源的基础上，进行旅游产品的创意设计。但是，从整个贺州市旅游业的发展来看，特色旅游是一块"短板"，还没有引起政府和业界的足够重视。

首先，有关贺州特色旅游产品开发的调研和研究在贺州市几乎处于空白状态。贺州文化基础工程没有得到重视和挖掘，"我们还没有好好筛选、提炼贺州市的特色文化或者是传统文化当中哪些东西是有特色的，哪些可以跟中部、东部地区

▲ 临贺故城

1　富川县旅游局提供：《富川旅游产业发展情况》。

来进行交流、哪些可以传播和消费，并制定相应的设计规划"。[1]贺州市及各县区政府的委托项目中，均没有专门的特色旅游产品开发的项目。

▲ 客家围屋门楼

其实，在旅游业界，无论是旅游行政管理部门，还是旅游企业，至今都极少在具有贺州特色旅游产品的开发上投入财力、人力、物力。贺州建设桂台（贺州）客家文化旅游合作示范区，但是贺州客家文化旅游再怎么发展也难以和福建的龙岩永定县、漳州南靖县和华安县客家土楼为代表相提并论。而以富川秀水村为代表的民族村寨旅游也难以称得上是独具贺州特色。具有贺州特色的文化，比如平桂管理区的土瑶文化、麒麟尊文化、湘桂古道等，目前没有进行深入的研究并开发成旅游商品。

再次，旅游产品与市场缺乏层次，过于单一。在贺州总体市场上，境内市场的比重过大（境内游客占总游客人数的 97%）。这样的客源结构反映出，贺州现有的市场层次基本是大众消费层，产品层次基本是观光旅游型，开发具有贺州特

▲ 富川瑶族自治县神仙湖

1　引自 2014 年 7 月 26 日贺州市政府在南宁召开《发挥向东开放排头兵的作用，把贺州建成广西对接东部和中部地区的重要门户和枢纽》专题座谈会的发言材料。

▲ 富川瑶族自治县秀水村花街大坪

色的旅游产品少，不利于贺州旅游市场的长足发展。

最后，没有特色的旅游产品，依赖自然森林风光和古镇风光来吸引游客，本身具有很大的局限性，如游客停留时间短，消费水平低，季节性强等。

（3）贺州社会经济基础较薄弱，工业化城镇化水平不高，对贺州旅游业的支撑力不足

贺州建市时间不长，发展基础差、经济总量小，2013 年全市地区生产总值（GDP）仅为 423.9 亿元，财政收入为 35.76 亿元，排在广西地级市最后一名。相比于桂林市，2013 年桂林市全市地区生产总值（GDP）达 1657.9 亿元，税收达 93.87 亿元。贺州综合实力不强，属于后发展地区和欠发达地区，城镇公共服务设施落后，综合服务功能较弱，社会经济对旅游业的综合支撑力不强，尚未发挥资源整合、产品互补的优势，也尚未形成跨区域的大型旅游企业，集聚程度低、实力较弱。

1）酒店、旅行社等少而分散。目前，贺州市的酒店在贺州旅游局网站上能查到的酒店（星级饭店）才有 25 家，其中四星级酒店 2 家，三星级 9 家，二星级 1 家。

表 2-13　贺州星级酒店统计表

酒店名称	星级	地址
贺州国际酒店	★★★★	广西贺州市建设东路 183 号
贺州维也纳大饭店	★★★★	贺州市灵峰步行街 1 号
贺州金港酒店	★★★	广西贺州市太白路 50 号
贺州喜悦城市酒店	★★★	广西贺州市平安西路 117 号
贺州新都酒店	★★★	广西贺州市建设西路
贺州华圣商务酒店	★★★	广西贺州市灵峰北路 6 号（灵峰广场旁）
贺州花园酒店	★★★	广西贺州市灵峰北路 1 号
贺州温泉半山宾馆	★★★	广西贺州市黄田镇路花村（距市区 18 公里）

酒店名称	星级	地址
贺州永丰宾馆	★★★	广西贺州市贺州大道南段
贺州粤港假日酒店	★★★	贺州市建设中路 31 号
贺州利源酒店	★★★	广西贺州市建设中路 14 号
贺州君悦酒店	三星装修	广西贺州市新兴北路（市中心，距肯德基 200 米）
贺州姑婆山森林宾馆	三星装修	广西贺州市姑婆山国家森林公园门口旁（距市区 21 公里）
贺州宾馆	★★	广西贺州市新兴南路 2 号
贺州.黄姚酒壶山宾馆		广西贺州市黄姚古镇内（距市区 40 公里，全程高速）
贺州将军山大酒店		广西贺州市八达西路怡园小区对面
贺州浙商大酒店		广西贺州市八达西路怡园小区对面
贺州苍龙酒店		广西贺州市平安西路 2-5 号
贺州东湖酒店		广西贺州市贺州大道 238 号
贺州一洲商务酒店		广西贺州市平安路
贺州喜来登大酒店		广西贺州市十里长街八达中路 423 号
贺州穗丰酒店		广西贺州市新兴北路 32 号
贺州正菱大酒店		贺州市西环路 19 号（贺州学院西校区旁）
贺州钟山大酒店		钟山县城中心
贺州城市便捷酒店（连锁店）		广西贺州市平安路 10 号

资料来源：贺州市旅游局网站，http://www.hezhou.gov.cn/list.php?catid=62

星级酒店要想做大做强，一定得集中，而不是分散分布。目前，贺州这些星级酒店分布比较分散，集聚程度低，难以形成品牌和规模效应。

在旅行社方面，贺州目前只有 7 家旅行社，而这些旅行社规模都比较小，尚未形成跨区域的大型旅游中介机构。

表 2-14　贺州部分旅行社情况

旅行社名称	地址	基本情况
贺州华安国旅	广西贺州市前进西路 2 号	成立于 2002 年 10 月 1 号，是贺州市最大的公路运输企业——广西贺州华安汽车运输有限责任公司的全资子公司，也是贺州市首家国际旅行社。采取"营运结合""巴姐导游化"的办法建立了以中心，辐射周边县、区汽车站的旅游咨询服务网络。
贺州风光国旅	广西贺州市区	业务范围：※ 代订贺州各酒店用房 ※ 代购贺州各景区的优惠门票 ※ 组织接待贺州风情游 ※ 组织接待大型商务会议 ※ 组织开办国内旅游。
广西八步旅行社	广西贺州市建设东路 32 号	是贺州市八步区旅游局直属企业，创建于 1994 年 11 月。
广西国旅贺州分社	广西贺州市区	我社成立于 2000 年，主要以旅游策划，参与市场竞争。
贺州黄姚梦之旅	广西贺州市平安西路 12 号黄姚古镇贺州办事处	广西贺州黄姚梦之旅旅行社有限公司隶属广西昭平黄姚古镇文化旅游有限公司，拥有自己的景区——黄姚古镇。旅行社主要开展贺州地接和组团等国内旅游业务。并提供代订票、酒店等相关服务。

旅行社名称	地址	基本情况
贺州桂东观光国旅	广西贺州市建设中路280号（鼎富装饰广场1幢4楼）	贺州桂东观光国际旅游有限责任公司（简称"贺州桂东观光国旅"）创建于1992年，是贺州市综合实力最强的旅行社之一。公司拥有一支从事旅游业多年、经验丰富的管理人员和导游队伍，形成了"专业、速度、诚信、创新"的企业经营风格，组团和地接人数居全市首位。
贺州姑婆山旅行社	广西贺州市姑婆山大道9号	姑婆山旅行社是姑婆山国家森林公园下属一旅游企业机构

资料来源：贺州市旅游局网站，http://www.hezhou.gov.cn/list.php?catid=62.

表 2-15　2013 年贺州所有 15 家旅行社接待统计

基本信息			组接指标									
序号	许可证号	旅行社名称	入境旅游				出境旅游		国内旅游			
			人次数		人天数		人次数	人天数	人次数		人天数	
			外联	接待	外联	接待			组织	接待	组织	接待
1	l-gx00220	广西贺州黄姚梦之旅旅行社有限公司	0	351	0	477	0	0	0	5021	0	6858
2	L-GX00221	广西昭平县桂江旅行社有限公司	0	0	0	0	0	0	206	769	1139	1538
3	L-GX00245	贺州市牛牛国际旅行社有限责任公司	0	1294	0	2588	0	0	230	2528	1168	5056
4	L-GX00279	富川凤凰旅游有限责任公司	0	0	0	0	0	0	182	145	874	145
5	L-GX00280	广西贺州华安国际旅行社有限责任公司	0	0	0	0	0	0	1156	412	3468	604
6	L-GX00300	贺州青年旅行社有限责任公司	0	0	0	0	0	0	276	1110	2150	2168
7	L-GX00347	广西八步旅行社	0	342	0	1026	0	0	1544	2854	6032	8015
8	L-GX00356	广西贺州市星海国际旅行社有限责任公司	0	0	0	0	0	0	411	757	1889	1650
9	L-GX00401	昭平阳光国际旅行社有限责任公司	0	0	0	0	0	0	241	0	1255	0
10	L-GX00449	贺州桂东观光国际旅游有限责任公司	0	757	0	2731	48	48	1370	30305	3894	70114

基本信息			组接指标									
序号	许可证号	旅行社名称	入境旅游				出境旅游		国内旅游			
			人次数		人天数		人次数	人天数	人次数		人天数	
			外联	接待	外联	接待			组织	接待	组织	接待
11	L-GX00453	开心国际旅游有限责任公司	0	0	0	0	0	0	273	2962	996	5896
12	l-gx00455	广西贺州市灵峰假日国际旅游有限公司	0	0	0	0	0	0	661	2761	4080	4583
13	L-GX00456	贺州风光国旅国际旅行社有限责任公司	0	550	0	1770	0	0	533	36771	1830	82453
14	L-GX00465	广西贺州市姑婆山国旅国际旅行社有限公司	0	0	0	0	0	0	205	9664	1000	16603
15	L-GX00469	广西贺州市太阳国际旅行社有限责任公司	0	0	0	0	0	0	1538	945	5050	1763

资料来源：贺州旅游局提供

贺州 2013 年境内外游客总数已达 1039.09 万人，平均每天也有 3 万人左右，而却仅有 15 家旅行社，2013 年这 15 家旅行社接待旅客总人次仅达 100298 人次，也就是说仅达百分之一的游客是通过贺州本地的旅行社到贺州旅游的。目前，贺州全市有 25 家星级酒店，还没有一家五星级酒店，这难以满足旅客留下来住一晚的要求。游客不在贺州驻足就很难带动贺州相关产业，比如餐饮、住宿、娱乐产业等发展。没有众多星级酒店和旅行社支撑，贺州就算有再多的游客过来，也难以带动地方经济的发展，更难以带动税收的增加。我们调研的姑婆山国家森林公园，目前最大的收入还只是依靠门票收入，2013 年，姑婆山国家森林公园总接待旅客 56.0703 万人，每张门票 125 元，门票收入约为（560703×125=70087875 元）7000 万元，[1] 绝大部分游客参观一个早上或下午就走，没有停留下来消费。景区2013 年也只是上交税收 65.82 万元，而姑婆山景区的在职人员多达 112 人，这些门票收入没法明显地带动当地的经济发展。

2）投融资比较困难。贺州具有丰富的旅游资源，然而因为基础配套设施不完善，招商引资比较困难。市区通往景区景点的交通道路破损严重；景区设施陈旧失修，对游客的吸引力逐步下降。旅游景区周边生态环境受到破坏，乱采滥挖现象仍未得到有效遏制。例如，钟山县"十里画廊"风景优美，在区内外有一定

1　这里扣除了优惠等各种因素。

的知名度，有比较大的开发价值。然而，直至目前，景区内的最基本的基础设施，如停车场、观光道路、公厕、摄影观景台、指路牌、游客接待中心等旅游公共服务基础设施一个都还没有。[1] 所以虽然钟山县一直想招商引资，早日开发"十里画廊"，使奇特、秀美、多姿的"十里画廊"自然风景区早日发挥出应有的价值。但因为基础设施极不完善，虽然有很多公司有意向投资，但目前还没有具体实质进展。

再比如八步区重点推进的南乡温泉旅游休闲度假村项目，计划投资 16 个亿，而目前已投资 2.6 个亿，开发商本想投资更大的资金，建成一个跨越广西广东两省区的大型旅游休闲度假村，但因为交通等基础设施的制约，开发商的投资规模不得不缩小，因为开发商的资金不可能既用于修路又用于修客服中心、酒店。[2]

旅游开发本身就是一个一次性投入高，回报周期长的产业，如果当地没有较为强大的经济实力，优越的投资和融资环境，就制约了特色旅游产品的开发，制约了贺州市旅游业的快速发展。

（4）旅游产品结构不合理，战略地位不够突出，整体竞争力不强

虽然贺州市旅游业总体上保持了持续快速健康发展的良好势头，但就整个贺州旅游产品来说，缺少具有世界号召力的精品品牌，缺乏像桂林山水、北海银滩、巴马长寿之乡这样顶级的旅游品牌。此外，贺州市旅游产品多但消费层次较低，拉动就业方面效应并不突出。贺州的低端观光产品居多，度假产品、休闲产品、专项产品少。企业主要以门票为生，旅游商品、娱乐食宿、会议会展、户外拓展、康体旅游等中高端消费极度缺乏，景区和市区没有晚上娱乐项目和服务设施，夜间旅游项目空白。[3] 在全广西 14 个地级市单位的旅游经济指标综合排序中，目前贺州市仅处于中等偏下水平。[4] 旅游经济中"散""小""弱""差""浅"的问题较为明显；旅游产品不新、新品不精、精品不强，旅游供给落后于旅游需求的发展。

一直以来贺州在全广西的战略地位不突出，在区域布局上不是重点区域，竞争优势不明显。从全区旅游发展格局看，贺州市依附于大桂林旅游圈，为大桂林旅游圈的重要组成。从贺州旅游业发展情况看，截止到 2014 年 5 月，广西已经有 3 个 5A 级景区，98 个 4A 级景区，而贺州仅有 3 个 4A 景区（如表 2-15 所示），相比区内桂林、北海、南宁等发展较好的旅游城市还有很大差距，旅游业的整体

---

1 2014 年 8 月 26 日对钟山县旅游局负责人访谈。

2 2014 年 8 月 28 日对八步区旅游局负责人的访谈。

3 同上。

4 2013 年广西全年入境过夜游客 391.54 万人次，比上年增长 11.8%；国际旅游（外汇）收入 15.47 亿美元，增长 21.0%。接待国内旅客 24263.92 万人次，增长 16.8%，国内旅游收入 1961.32 亿元，增长 24.2%。旅游总收入 2057.14 亿元，增长 23.9%。贺州 2013 年旅游总收入达 101.6 亿元，仅相当于广西全区旅游总收入的 1/20（5%）。

竞争力不够强。

表 2-15　广西 4A，5A 景区区域分布统计

地级市	5A 景区数量	4A 景区数量	景区名称
桂林	3	31	5A：桂林市漓江景区、桂林市乐满地度假世界、广西桂林独秀峰 – 靖江王城景区 4A：芦笛景区、象山景区（原象山公园、滨江公园）、七星景区、桂林世外桃源旅游区、桂林冠岩景区、桂林愚自乐园艺术园、桂林市两江四湖景区、桂林市荔浦银子岩风景旅游度假、桂林古东瀑布景区、桂林靖江王城景区、兴安灵渠景区、桂林市龙胜温泉旅游度假、桂林市荔浦丰鱼岩田园旅游度假区、桂林市穿山景区、桂林市尧山景区、桂林市荔浦荔江湾景区、桂林义江缘景区、桂林叠彩伏波景区、阳朔图腾古道、聚龙潭景区、广西桂林阳朔蝴蝶泉旅游景区、桂林市神龙水世界景区、桂林市雁山园景区、桂林经典刘三姐大观园景区、龙胜龙脊梯田景区、漓江·古东景区、桂林兴安猫儿山 – 华南景点景区、桂林芦笛岩洞、桂林伏波山、阳朔遇龙河景区、桂林资源五排河漂流
南宁	0	14	南宁青秀山风景旅游区、柳州立鱼峰风景区、南宁嘉和城景区、南宁九曲湾温泉景区、南宁市八桂田园景区、广西科技馆、南宁大明山风景旅游区、南宁市广西药用植物园、南宁市动物园、南宁市广西规划馆景区、南宁市民歌湖景区、南宁市龙虎山旅游景区、南宁市武鸣县伊岭岩旅游景区、南宁市良凤江森林旅游区
柳州	0	13	柳侯公园、柳州龙潭景区、柳州博物馆、广西鹿寨香桥岩风景区、柳州市三江程阳侗族八寨景区、柳州市三江县丹洲景区、柳州市融水县贝江景区、柳州市知青城景区、柳州城市规划展览馆、柳州市马鹿山奇石博览园景区、柳州市三江县大侗寨景区、柳州市工业博物馆景区、柳州市百里柳江旅游景区
百色	0	9	靖西通灵大峡谷景区、靖西县古龙山峡谷群生态旅游景区、百色乐业大石围天坑群景区、百色起义纪念馆、百色市大王岭景区、百色市德保红叶森林旅游景区、百色市德保县吉星岩景区、百色市澄碧湖风景区、广西百色凌云茶山金字塔景区
北海	0	5	北海银滩旅游区、北海海底世界、北海海洋之窗、广西北海涠洲岛火山国家地质公园鳄鱼山景区、北海市嘉和一冠山海景区
玉林	0	5	玉林容县"三名"旅游景区、兴业鹿峰山风景区、玉林市陆川谢鲁山庄风景名胜区、广西玉林大容山国家森林公园、玉林容县都峤山庆寿岩风景区
钦州	0	3	钦州刘冯故居景区、钦州三娘湾旅游区、钦州八寨沟旅游景区
防城港	0	3	防城港东兴市京岛风景名胜区、防城港市江山半岛白浪滩旅游景区、东兴市屏峰雨林景区
贺州	0	3	贺州姑婆山旅游区、贺州市昭平黄姚古镇风景名胜区、贺州市十八水原生态园景区
崇左	0	2	大新德天跨国瀑布景区、凭祥市友谊关景区
梧州	0	3	梧州市骑楼城 – 龙母庙景区、梧州市藤县石表山休闲旅游景区、梧州四恩寺
河池	0	2	河池市巴马水晶宫景区、河池市巴马盘阳河景区
来宾	0	3	金秀莲花山旅游景区、来宾市象州古象温泉度假村景区、金秀罗汉山风景旅游景区

地级市	5A 景区数量	4A 景区数量	景区名称
贵港	0	2	桂平西山风景名胜区、贵港市龙潭国家森林公园景区

资料来源: 广西 (4A_5A) 级旅游景区, http://yh648699.blog.163.com/blog/static/64748214201011112155491/, 数据截止日期为 2014 年 5 月。

（三）机遇

（1）国内外旅游产业持续发展带来机遇

目前，全球旅游业正处于持续发展的时期，1992 年国际旅游人数已达 2.7 亿人次，旅游收入 790 亿美元，到了 2011 年，国际旅游人数已达 9.8 亿人次。世界旅游组织已经证实，旅游业这个"无形出口业"，已发展成为世界第一大产业。另外，世界旅游组织研究认为：未来 20 年，国际旅游市场的潜力很大，目前国际旅游人数只占世界潜在国际旅游人数的 7%。因此，到 2020 年国际旅游人数将达 16 亿人次。并且，国际旅游消费增长率将远远高于世界经济年均增长率。[1]

我国是一个旅游资源十分丰富的国家。改革开放 30 多年来，我国旅游业从小到大，产业贡献率逐年增长，产业地位明显提高，目前已成为国民经济中发展速度最快的产业之一。目前，我国基本上实现了从旅游资源大国向世界旅游大国的历史性跨越。2011 以来，我国已成为世界第 3 大入境旅游接待国，并拥有世界上最大的国内旅游市场和亚洲第一大出境旅游市场。世界旅游组织预测，到 2020 年，中国将成为世界第一大旅游目的地国家。在国内旅游方面，随着国内居民收

▲ 富川瑶族自治县秀水村仙娘井

---

1 任媛媛：《中国旅游热点问题》，上海交通大学出版社 2012 年版，第 1 页。

入水平的提高、闲暇时间的增多和旅游意识的增强，国内旅游市场蓬勃发展，潜在旅游市场正在向现实旅游市场转变，旅游人数和旅游消费迅速增加。

据国家旅游局统计，2013年，我国国内旅游人数32.62亿人次，收入26276.12亿元人民币，分别比2012年增长10.3%和15.7%；入境旅游人数1.29亿人次，实现国际旅游（外汇）收入516.64亿美元，分

▲ 平桂管理区十八水景区漂流

别比上年下降2.5%和增长3.3%；全年实现旅游业总收入2.95万亿元人民币，比上年增长14.0%。另外，全国国内旅游出游人均花费达805.5元。[1]

从国际旅游发展规律看，一个国家人均GDP超过1000美元时，属国民观光旅游时期；人均GDP超过2000美元时，属旅游休闲多样化时期；人均GDP超过3000美元时，属休闲旅游全面扩张时期。2013年，我国人均GDP已达到6629美元，[2]而且城乡居民收入还将进一步增长，我国居民将很快达到全面小康，人们的旅游需求和旅游动机将进一步增温，旅游消费进入快速增长的黄金期。这对于贺州市开发特色旅游提供了一个良好的大环境，客源市场将进一步增大，客流量将进一步增加。

国内外旅游业的持续发展，对于旅游供给方提出了更高的要求，即传统的大众旅游模式很难满足市场需要，势必要开发出更多的新的旅游产品。而特色旅游产品就是其中的代表。

（2）良好的政策环境

国家大力鼓励和支持发展旅游业。2014年，国务院出台了《国务院关于促进旅游业发展的若干意见》就进一步促进旅游来改革发展提出了纲领性意见。提出要积极发展休闲度假旅游、大力发展乡村旅游、创新文化旅游产品、积极开展研学旅行、大力发展老年旅游等，而且要加大财政金融扶持，在政府引导下，推动设立旅游产业基金，支持符合条件的旅游企业上市，通过企业债、公司债、中小企业私募债、短期融资券、中期票据、中小企业集合票据等债务融资工具，加强债券市场对旅游企业的支持力度，发展旅游项目资产证券化产品。加大对小型微型旅游企业和乡村旅游的信贷支持。另外，在土地政策上，提出要优化土地利用

1　中华人民共和国国家旅游局：《2013年中国旅游业统计公报》，http://www.cnta.gov.cn/html/2014-9/2014-9-24-%7B@hur%7D-47-90095.html

2　2013年各国人均GDP排名，见 http://news.51zjxm.com/bangdan/20140107/40115.html

▲ 八步区黄洞乡月湾景区民俗表演

政策，年度土地供应要适应增加旅游业发展用地，在符合规划和用途管制的前提下，鼓励农村集体经济组织依法以集体经营性建设用地使用权入股、联营等形式与其他单位、个人共同开办旅游企业，修建旅游设施涉及改变土地用途的，依法办理用地审批手续。[1]

广西自治区党委和政府也相继出台了一系列大力鼓励和支持发展旅游业的政策。2013 年 7 月，出台了《中共广西壮族自治区委员会广西壮族自治区人民政府关于加快旅游业跨越发展的决定》（桂发〔2013〕9 号），提出要促进旅游与文化相结合，增强旅游产业核心竞争力，要"深入挖掘我区丰富特色的山水、历史、民族文化资源，推动文化与时俱进，创作生产更多体现地域特色、反映时代精神、艺术水准精湛、群众喜闻乐见的文化旅游精品，推动广西文化旅游产业向品牌化、专业化、市场化方向发展，提高文化旅游品质，促进民族文化强和旅游强区建设。"[2]

（3）与周边旅游目的地协作沟通，共建大旅游格局

加强区域间的联动协作，整合资源，实现区域间的优化配置，是特色旅游发展坚持的原则之一。贺州具有丰富的旅游资源，但开发程度还比较低，只有加强与周边协作沟通，形成综合力量，才能达到最佳的发展效果。

贺州依托临近大桂林旅游圈和珠三角旅游圈的良好区位优势以及优良的旅游

1　《国务院关于促进旅游业改革发展的若干意见》国发 [2014]31 号，2014 年 8 月，http://politics.people.com.cn/n/2014/0821/c1001-25510494.html

2　《自治区党委自治区人民政府关于加快旅游业跨越发展的决定》（桂发 [2013]9 号），广西自治区旅游发展委员会网站，http://www.gxta.gov.cn/Public/Article/ShowArt.asp?Art_ID=66405

资源，贺州市正深化与周边旅游目的地的合作。

首先，主动融入大桂林旅游圈，推进"桂（林）贺（州）"旅游一体化建设。贺州、桂林两地正在推动两地旅游市场营销、旅游产业要素、旅游交通协作等的一体化发展建设。2014年，9月28日上午，桂贺旅游一体化合作协议签约暨桂林贺州两市一日游启动仪式在桂林市阳朔县举行。旅游业作为桂林、贺州两市重点合作领域，通过实施两地旅游一体化，实现从局部的、零星的和松散型合作向高层次的、全方位的和紧密型合作转变，并在旅游市场营销合作、旅游交通协作、旅游人才合作和区域旅游标准一体化实现实质性的突破。推出桂林·贺州一日游产品后，将有效促进两市游客互送，加快桂贺旅游一体化建设，预计每年从桂林组织到贺州一日游的游客将超过10万人次。[1]

其次，合力打造"华南五市"旅游黄金线。华南五市（广州、肇庆、清远、桂林、贺州）已签署了《打造华南五市山水休闲旅游黄金专线备忘录》，统一宣传推介。五市旅游部门计划用5年的时间（2013—2018）打造"广州、肇庆、梧州、贺州、桂林"五市旅游黄金线，2013年每个市出资5万元经费，2014年每个市出资20万元经费，用于宣传和推销"华南五市"旅游形象等。[2]

再次，大力开展粤、桂、湘三省（区）边境区域旅游合作，与湖南永州、广东连州启动贺州姑婆山旅游区、连州地下河景区、湖南宁远九嶷山景区跨三省区域旅游合作机制，打造一条纵横粤、桂、湘的"绿色金三角"精品生态精华游线路，有效地开拓了粤港澳台市场、东南亚市场和华南市场，具有良好的市场发展前景。

（四）威胁

（1）周边区域同类产品竞争日益激烈

旅游业是一个地区经济发展的增长点，全国多个地方都实施以政府为主导的旅游超前发展战略。在贺州市的周边，桂林、梧州、肇庆等，不但旅游资源非常丰富，而且纷纷根据当地资源特色制定相应的旅游开发战略。

桂林是国际旅游城市，是国内外游客首选目的地，巴马长寿养生国际旅游区又是广西生态养生重点打造的地方，贺州要打造休闲养生旅游品牌，但在《中共广西壮族自治区委员会广西壮族自治区人民政府关于加快旅游业跨越发展的决定》（桂发〔2013〕9号）中，并没有把贺州列入重点打造的休闲养生范围内，《决定》提出：

全面构建"一个旅游龙头、两条旅游发展带、三大国际旅游目的地、四大旅游集散地"的旅游产业区域协调发展格局。即：以桂林为龙头，重点建设"桂林—柳州—来宾—南宁—北海、钦州、防城港"南北旅游发展带和"梧州、贺州—

1　《加快桂贺旅游一体化建设》，贺州市旅游局网站，http://www.hezhou.gov.cn/show.php?contentid=1095
2　2014年8月22日对贺州旅游局负责人的访谈。

贵港、玉林—柳州、来宾—南宁—崇左、百色、河池"西江（东西）旅游发展带。

推动桂林国际旅游胜地建设，加快与周边区域在资源开发、产品建设、线路联动、市场开拓、宣传营销、人才培养、开放交流等方面进行全方位合作，共同构建大桂林国际旅游圈；加快北部湾国际旅游度假区建设，打造首府休闲、养生、娱乐、健身旅游圈，努力将北部湾建设成为开放度高、集聚力强、特色鲜明、服务一流、生态良好的中国—东盟旅游枢纽；以巴马长寿养生国际旅游区建设为重点，依托自然环境、长寿生态、民族风情、历史文化等优势资源，将红水河流域打造成为以养生度假、生态休闲、文化体验为主体功能的国家生态旅游基地。建设南宁、桂林、梧州、北海四大旅游集散地。

广西制定了三个旅游区的发展战略，一个是桂林国际旅游胜地，第二是北部湾国际旅游度假区，第三是巴马长寿养生国际旅游区，但并没有重点打造贺州。

贺州大力打造休闲养生旅游品牌，将与区内的北部湾、河池巴马、梧州，与区外的肇庆等周边区域形成同类产品激烈的竞争。这必将使贺州市旅游业在扩大合作中发展，在竞争中前行。

（2）中国经济增长放慢

旅游业发展的历史表明，旅游业的发展与经济的发展呈正相关关系。一般而言，经济繁荣，人们收入增加，失业率低的时期往往是旅游业大发展的时期。2014年以来，全国多个省份纷纷调低了预期经济增长率。据统计，2014年上半年，中国国内生产总值(GDP)增长7.4%，增长率低于2013年的7.6%的增长率，而2014年第三季度的经济增长率仅为7.3%，[1]为多年来最低。2014年上半年，广西GDP增速减缓至8.5%，为11年来最低。2014年上半年，贺州的经济增长率仅为4.2%，为建市以来最低。[2]未来几年，整个宏观经济走向和形势都不容乐观，经济下行压力将长期存在，稳增长将成为常态。

经济增长放缓，作为纯消费领域的旅游业受影响最大。这对贺州市特色旅游产品的开发必定会产生一定的不利影响。

（五）SWOT 分析的结论

通过上述分析可以发现，贺州市特色旅游产品开发优势大于劣势，机遇多于威胁。

表 2-16　贺州市特色旅游产品开发的 SWOT 分析结果

1　《第三季度 7.3% 增速处合理区间中国经济延续"稳中有进"》，http://money.163.com/14/1021/15/A93DUKCF00254TI5.html

2　赵德明：《在全市年中经济工作会议上的讲话》，2014 年 7 月 31 日。

类型	具体表现
优势 (S)	旅游资源丰富，类型广泛，具备发展特色旅游业的先决条件 旅游业属于探索和参与阶段，还有巨大的开发空间 区位条件优越，大交通格局基本形成 贺州市旅游产品品牌培育取得新突破 出台了许多发展旅游的具体优惠政策和配套措施
劣势 (W)	对具有贺州特色的旅游产品开发重视不够 贺州社会经济基础较薄弱，工业化城镇化水平不高，对贺州旅游业的支撑力不足 旅游产品结构不合理，战略地位不够突出，整体竞争力不强
机遇 (O)	国内外旅游产业持续发展带来机遇 良好的政策环境 与周边旅游目的地协作沟通，共建大旅游格局
威胁 (T)	周边区域同类产品竞争日益激烈 中国经济增长放慢

以贺州特色旅游产品开发的内在条件 SW 为纵轴，外在环境 OT 为横轴，构建以 4 个坐标象限为骨架 SWOT 战略分析图，不同象限采用不同的开发战略模式。将上述分析结果放入 SWOT 战略分析图中，贺州市特色旅游产品开发的 SWOT 分析结果应处于第一象限，即应该采取进攻战略 (见图 2-3)。即突出生态和文化品牌，发展生态旅游、休闲度假旅游、文化旅游。要将旅游资源进行整合规划、深度开发，集中力量把旅游资源优势转化为产品优势，把区位优势转化为市场优势。

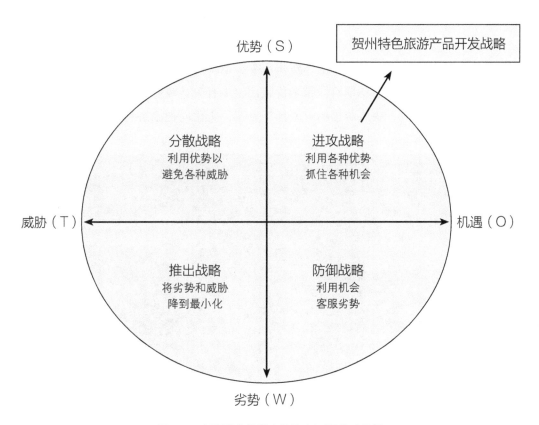

▲ 图 2-3 贺州特色旅游产品的 SWOT 战略分析

四、贺州特色旅游产品的开发对策

（一）政府相关部门重视特色旅游产品的开发

特色旅游产品是旅游多元化时代出现的一类新的旅游产品群，是一个"新生事物"，这个"新生事物"说起来简单，但真正开发起来有一定的难度，在贺州市目前还没有引起足够的重视，严重地制约了对其开发。因此，相关部门的重视是贺州市开发特色旅游产品的前提条件。

（1）政府相关部门对特色旅游产品的开发要予以足够的重视，出台相关的政策，打破行政界限，相互协调，实施政府主导型发展战略

贺州旅游业的发展史表明，坚持政府主导，打造旅游品牌，是贺州市旅游业取得显著成效的重要原因。而许多特色旅游资源具有跨地域性，牵涉面广，在旅游产品开发过程中，会涉及多个职能部门，比如财政、国土、林业、文化、农业、水电等行政管理部门，单靠旅游行政管理部门会力不从心。在调研中，市（县）旅游委（局）负责人反映，目前，贺州市委、市政府对旅游的支持力度还欠缺，这可能与旅游业发展的初期阶段带来税收比较少有关，政府各部门之间没有形成合力：财政局经常否决旅游局的财政预算方案，文化局把旅游局进行保护性开发

▲ 平桂管理区紫云洞景区

▶ 八步区黄洞乡
月湾景区

▶ 富川瑶族自治县秀水
村建筑

状告成破坏文物的行为，林业局又经常否决旅游局对森林公园的旅游开发项目，国土局也没有按照国发 [2014]31 号文《国务院关于促进旅游业改革发展的若干意见》规定"年度土地供应要适当增加旅游业发展用地"要求，增加旅游用地，并以旅游局规则不符合土规等理由拒绝批准旅游用地。[1]

因此，这就需要市委、市政府出面引导，统一协调，在互利互惠、互相依赖的前提下，打破行政界限和地域界限，实现区域联合和部门协调。平桂管理区旅游局负责人建议：发改部门要指导和协调做好旅游业发展规划的编制和实施工作，把支持旅游业发展特别是旅游基础设施和旅游重点项目建设纳入国民经济和社会发展中长期计划和年度计划；宣传部门应将旅游宣传作为重要工作内容，新闻单位适时开辟旅游专栏专版。交通部门也应加大旅游宣传力度，在交通主干线设立主要旅游区指示标志，并纳入相关市政建设规划。建设、文化、公安、卫生、质

---

1 根据对各个旅游局负责人访谈整理。

◀ 平桂管理区十八水景区大佛瀑布

监等部门，也要各自制定支持旅游业发展的配套政策措施。[1]只有这样，才能解决旅游资源和旅游管理中的一系列问题，形成资源合力，确保贺州市特色旅游产品的有序发展。

2014年3月，广西成立了旅游发展委员会。贺州也在市一级层面成立了相应的旅游发展委员会。但是，旅游局变旅游委，不应该只是简单的名称改变，而应该代表了贺州旅游产业发展理念的升华，管理体制的创新，工作职能的优化，工作思路的拓展。成立旅游发展委员会的目的就是要把"旅游强市建设"真正摆上主体发展战略的高度，转化为全市上下的共同意志和统一行动，加快推动旅游强市建设由战略部署转化为工作实践。

（2）重视特色旅游的理论及贺州文化、历史研究，建立成熟的特色旅游产品开发理论体系，科学指导特色旅游产品开发

目前尚无关于贺州特色旅游产品研究的文献。本书仅仅作为一个初步的探索，如果缺乏特色旅游产品开发的相关理论，这将无法对以后具体的旅游产品开发工作进行指导。另外，贺州市拥有丰富多彩的历史文化、客家文化、瑶族文化等资源。比如平桂的土瑶文化，平桂是我国土瑶唯一的聚居地，土瑶文化保存完整，在世界瑶族文化中独树一帜，是研究瑶族文化的"活化石"，有着极高的研究价值和旅游开发价值。[2]而众多特色旅游的特色之处就在于与这些丰富的文化元素相结合起来。目前对民俗文化、民族风情等资源尚缺乏深层次的挖掘，缺少能够体现贺州特色、具有丰富内涵的统一的旅游标识，统一的旅游宣传口号和统一的导游词。

这一现象不利于贺州市特色旅游产品开发的健康有序进行，是贺州旅游特色

1　2014年9月1日对平桂管理区旅游负责人的访谈。

2　平桂管理局旅游局提供：《贺州市平桂管理区旅游产业发展调研报告》。

产品开发工作中的一个重要的瓶颈。由于没有健全成熟的特色旅游产品开发谱系，对既有的历史文化、客家文化、瑶族文化等资源缺乏深入挖掘，极易造成旅游产品低水平重复开发、旅游资源浪费、内部恶性竞争等问题。这对于贺州旅游业整体可持续发展及自身形象都将产生极为不利的影响。

建议：①贺州市可以将特色旅游产品开发作为贺州市的社科项目、软科学项目进行研究；②贺州市旅游局也可以专门委托相关科研机构和大专院校的专业人员专题展开研究；③学习贵州发展特色旅游经验，把瑶族文化等做为高校社会学、文化人类学等博士生和教授研究基地，一方面有利于更深层次挖掘文化内涵，另一方面，也是一种宣传手段。贵州的苗族村寨作为北京大学、哈佛大学、清华大学、中国社科院等高等院校和科研机构文化人类学、社会学的样本研究基地。这些学术研究成果，直接可以转化为旅游开发的资源。另一方面也是一种更高层次的宣传，中国社科院社会学教授于建嵘进驻贵州村寨驻村研究，并挂任村主任助理，各大媒体进行报道，这本身就对当地旅游的一种宣传效应；④在贺州市委党校培训干部时，应当开办旅游相关理念的课程，真正让所有干部形成大旅游观念。[1]

（3）树立大旅游观念，交通和旅游要单列一个规划，设计交通路线时考虑到旅游的发展，加快旅游基础设施建设

所谓大旅游观念是指在贺州市城市旅游发展过程中，要突破就旅游谈旅游，就区域谈区域的封闭狭隘观念，站在全市、全省乃至全国旅游业的发展高度，利用产业结构调整的有利时机，把旅游业作为贺州经济的增长点和扩大就业的重点行业加以发展。

目前制约贺州旅游业发展的瓶颈就是基础设施，旅游基础设施是特色旅游产品开发所凭借的基础，只有完善的旅游基础设施，才可能对特色旅游产品进行开发。而旅游基础设施中的道路交通、通讯设施、水电气等一次性投资数额巨大，这些基础设施的外溢性强，直接经济效益不明显，完全依靠企业来承担显然是不现实的。

贺州在交通规则实施时，经常是与旅游部门相脱节的，建议在设计交通规划时，应该考虑到旅游产业发展，在小城镇建设过程中也应该把旅游考虑进来。[2] 要推动贺州市特色旅游产品的开发，贺州市政府部门应统筹安排，加大投入力度，加快各项基础设施建设。

（4）抓住贵广高铁通车机遇，高端规划瞄准珠三角地区旅游市场

贵广高铁将贺州独具特色的旅游资源与贵州省"黎从榕"旅游区、大桂林旅游圈、北部湾旅游圈连接成一个大的旅游区域并与珠三角商务经济圈紧密衔接，

1　2014 年 8 月 28 日访谈八步区旅游局负责人时，该旅游局负责人提供的建议。

2　同上。

不仅更方便粤港澳地区的游客到贺州旅游，更使得从全国各地到桂林、贵州等沿途省市旅游的游客也被吸引到贺州来，不仅有中端、低端的客源，珠三角地区商务人士也会成为贺州高端旅游的潜在游客（据《2012 中国旅游业发展报告》，2012 年广东省实现旅游总收入 7389 亿元、同比增长 14.7%，旅游业增加值 3362 亿元，约占全省 GDP 的 5.9%，旅游业的支柱产业地位进一步加强。2012 年广东共接待国内过夜游客 2.36 亿人次、增长 12%，实现国内旅游收入 6440 亿元、增长 16.3%；接待入境过夜游客 3489 万人次、增长 4.7%，实现旅游外汇收入 156 亿美元、增长 12.3%。）。贺州应重点拓展商务旅游这一高端旅游市场，将商务活动、会展经济与旅游开发有机结合，把商务人群转变为旅游人群，优化客源结构与旅游方式，推出系列化、精品化的旅游产品和线路，不断丰富旅游服务的内容，创新服务方式，拓展服务领域，提升旅游品质。要通过在高铁沿线的城市尤其是珠三角城市采取专业旅游推介会、主流新闻媒体传播贺州旅游形象等形式，主动进行目的地旅游形象宣传和旅游产品促销，扩大贺州旅游产品的影响力和知名度。

（二）科学规划特色旅游产品

贺州市特色旅游产品的开发，应做到规划先行，未雨绸缪，把旅游业培育成贺州市国民经济的战略性支柱产业和人民群众更加满意的现代服务业，推动整个国民经济持续快速协调发展。

（1）贺州市特色旅游产品规划的基本原则

1）因地制宜，依托既有旅游资源[1]。旅游产品组成的各种要素中，旅游资源是最核心的要素。因此，特色旅游产品的规划设计，既需要有创意，也需要分析市场，但最核心的还是要以当地的旅游资源为基础。离开了旅游资源去设计旅游产品，旅游产品就容易失去地方特色，失去核心竞争力，在市场竞争中很容易处于不利地位。虽然国内旅游产品也有不基于当地旅游资源而取得成功的案例，比如深圳的世界之窗。但其它地方复制这个旅游开发模式基本都是失败的，比如广州和杭州等地也建了类似深圳的世界之窗，但游客都非常少，属于失败项目。[2]因此，在贺州市特色旅游产品规划中，应花大力气调查和研究贺州市的特色旅游资源，分析和挖掘贺州市文化、民族风情、历史等，使之成为贺州市特色旅游产品的核心。

2）突出独特性，挖掘文化内涵。特色旅游产品开发要突出自身特色，发挥"人无我有，人有我优"的优势，尽量选择带有"最"的资源进行开发，尽量保证资源开发的原汁原味。乡村旅游的民族特色开发应充分展现乡土性、民族性和古朴

1　曹雨晨：《重庆市特色旅游开发研究》，西南大学硕士论文，2010 年 4 月。

2　2014 年 10 月 12 日对贵州师范大学旅游学院某一副教授的访谈。

性。不用的地域孕育了不同的民族文化，这种差异构成了民族文化自身的特色，特色越突出，开发后吸引力就越大，开发就越成功。

只有具有文化内涵的旅游产品才有长久的生命力和吸引力。贺州市特色旅游产品的设计开发不能只是简单地将旅游资源、旅游设施、旅游服务组合在一起，而应在有形的旅游资源之外，尽可能注入文化内涵，才能使旅游产品更具有独特性。充分展现贺州的乡土性、民族性和古朴性。既注重文化内涵的挖掘和丰富，又注重文化的表现形式和过程。贺州市拥有丰富的文化资源，土瑶文化、客家文化、茶文化、长寿

▲ 贺州市姑婆山景区漂流

▲ 游客在贺州温泉度假村玩耍

文化等内涵丰富，可以规划设计出许多对旅游者具有吸引力的旅游产品。

3）面向市场，产品品牌化。我国目前的旅游市场上，旅游产品的竞争非常激烈，可供人们选择的旅游产品琳琅满目。传统的旅游产品开发就是简单地将旅游资源加工成旅游产品，这些产品同质性很高，市场的认可度低，旅游开发的效益也不好。贺州具有非常丰富的旅游资源，将哪些旅游资源转化为旅游产品就有一个选择的问题，这就需要对市场有准确的分析和把握。贺州作为旅游业后发展地区，如果市场不认可这个旅游产品，尽管它在某一方面有很高的价值或地位，在开发时也要十分谨慎。

中国旅游业快速发展，旅游产品的同质化越来越高。贺州发展生态旅，梧州也发展生态游；贺州发展温泉度假休闲养生，桂林也在大力发展温泉度假养生，贺州发展瑶族等民族文化游，河池巴马在也发展瑶族文化游。可以说，未来的旅游业发展趋势是超越资源、市场、形象三大要素一体化的综合吸引力战略，进入品牌竞争阶段。[1]

因此，特色旅游产业要想在今后的发展中立于不败之地就要以塑造品牌为目

1　曹雨晨：《重庆市特色旅游开发研究》，西南大学硕士论文，2010 年 4 月。

标，走旅游资源市场化、旅游产业集团化、旅游景区品牌化的道路，积极打造品牌，实施品牌战略规划。

（2）贺州市近期开发的特色旅游产品

贺州市特色旅游资源非常丰富，还处于初步开发阶段，可以规划出众多的特色旅游产品。但是，特色旅游产品开发应当坚持分阶段、分步骤进行，我们调研访谈以及参考贺州市及各县区提供的材料，整理出近期可以开发的特色旅游产品主要有：

1）山地生态度假游。生态旅游兴起于 90 年代初，随着公众和旅游者对人类居住的环境越来越关注，越来越敏感，"绿色旅游""可持续旅游""负责任的旅游""适宜的旅游""寻找未受惊扰的大自然"已成时尚，生态旅游经过兴起与蓬勃发展阶段后，目前已经进入稳定发展阶段。据统计，世界旅游业每年以 4% 的速度增长，而生态旅游业以平均 20% 的速度增长。[1] 世界野生自然基金会估计，生态旅游的土地使用回报率是农业的十倍。[2]

生态旅游是在生态保护的前提下，以自然生态环境为主，社会文化生态环境为辅，为旅客提供认识自然，享受自然的旅游经历，并做到生态效益、经济效益和谐统一的一种新型旅游模式，与传统旅游有着明显的区别。首先，各自目标不同。传统旅游追求利润最大化，享受最优化；而生态旅游要保证环境和旅游开发的优

▲ 游客在平桂管理区玉石林景区游玩

1　任嫒嫒：《中国旅游热点问题》，上海交通大学出版社 2012 年版，第 28 页。

2　魏小安：《关于旅游发展的几个阶段性问题》，载《旅游学刊》，2000 年，第 5 期。

化，保证当地文化、环境、旅游经济的可持续发展。其次，受益者不同。传统旅游受益者为开发商和游客，生态旅游追求的则是开发商、游客、当地社区和居民利益的统一。第三，管理方式不同。管理方式从"游客第一，有求必应"转换为"自然生态景观保护第一，游客保护生态环境"。[1]

表 2-17　传统旅游与生态旅游的比较

	传统旅游	生态旅游
目标	追求利润最大化，享受最优化	保证环境和旅游开发的优化，保证当地文化、环境、旅游经济的可持续发展。
受益者	开发商和游客为净受益者，当地社区和居民的受益与环境代价相抵所剩无几或入不敷出	开发商、游客、当地社区和当地居民分享利益
管理方式	游客第一，有求必应	自然景观第一，游客保护生态环境，有选择地满足游客要求
	渲染性的广告	温和适中的宣传
	无计划的空间拓展	有计划的空间安排
	分片分散的项目	功能导向的景观生态调控
	交通方式不加限制	有选择的交通方式
正面影响	创造就业机会	创造持续就业机会
	刺激经济增长，但注重短期利益	促进经济发展
	获取外汇收入	获取长期外汇收入
	促进交通、娱乐和基础设施改善	交通、娱乐和基础设施的改善与环境资源保护相协调
	经济效益	经济、社会和生态效益的融合
负面影响	高密度的基础设施和土地利用问题	短期内，旅游数量较少，但趋于增加
	机动车拥挤、停车场占用空间和机动车产生的大气污染问题	交通受到管制（多数情况下，不允许使用机动车）
	水边开发导致水污染问题	水边景观廊道建设妨碍了水边的进一步开发
	乱扔垃圾引进地面污染	要求游客将垃圾分类收集，游客行为受到约束
	旅游活动打扰居民和生物的生活规律	游客的活动必须以不干扰当地居民和生物的生活为前提

作者根据资料自制表格

近几年来，在国内旅游市场上，许多旅游者对传统的大众旅游方式逐渐厌倦，人满为患、拥挤不堪，达不到休闲、娱乐、轻松的目的，使旅游者兴趣转移。而生态旅游正在成为一种消费时尚，越来越多的游客尤其是城市的工薪阶层、白领阶层，热衷于到那些少有人去的原生生态的地方，爬山、徒步，亲近大自然，体验大自然。那些具有良好生态环境、独特生态环境的地方正受到越来越多游客的关注。

目前，我国生态旅游的发展主要依靠森林公园、风景名胜区、自然保护区等

1　任媛媛：《中国旅游热点问题》，上海交通大学出版社 2012 年版，第 27 页。

▲ 游客在平桂管理区
十八水景区游玩

▶ 游客在昭平县
黄姚古镇游览

◀ 游客在昭平县黄
姚古镇石跳桥上走过

资源基础，结合基础设施建设，开展生态旅游活动。目前国内生态旅游开发较早、开发较为成熟的地区主要有：云南的香格里拉、西双版纳、澜沧江流域，吉林长长白山，广东肇庆的鼎湖山，新疆的喀纳斯等。[1]

贺州市自然风光突出，生态景观优美，气候舒适，有着丰富的山地生态旅游资源，依托姑婆山国家森林公园、大桂山国家森林公园、滑水冲自然保护区、昭平七冲自然保护区、富川西岭山自然保护区、金鸡坪山地等发展山地森林度假，利用其良好的生态环境和优良的空气质量，空气负离子含量高和植物精气多等特点，开展山地生态养生康体度假，发展森林浴、山地养生、山地休闲运动、山地高尔夫等项目，丰富游客的休闲活动。根据不同的环境特征，开发运动养生、心理养生、饮食养生、环境养生、娱乐养生、园艺养生、理疗养生等类型的养生康体活动。[2]这是打造"华南生态旅游名城"这个品牌发展必经之路。

2）文化古镇游

以"一个镇、一个城、一个村"为中心，即以黄姚古镇、临贺故城、秀水状元村为主要开发对象，开展古镇历史文化考察、体验游。黄姚古镇、临贺故城、秀水状元村都有悠久的历史和文化，文物保存比较良好，这些古镇再以优美的自然山水风光为依托，以古镇文化休闲体验旅游为主题，充分挖潜，综合开发各种观光游览、文化体验、休闲度假等产品。黄姚古镇已经成为一个知名的旅游品牌，临贺故城也已经招商成功，正在大力开发，秀水状元村基础设施正在完善，基本可以投向市场。

总的说，广西这个地方给人的印象是水山风光好，但比较缺乏历史文化底蕴和内涵。贺州的文化古镇游作为贺州特色旅游产品，将在区域内具有一定的垄断性，应该可以成为贺州市最具有竞争力的特色旅游产品。

3）浪漫温泉度假游

贺州市不仅温泉众多，而且水质温纯细腻，功效颇多。著名的有里松温泉、南乡温泉群等，这些温泉温泉水丰富，水温可达65℃，流量达150吨/小时，含有几十种对人体有益健康的微量元素及矿物质，属弱酸性硫酸盐型矿泉，对皮肤、关节、肠胃等疾病有一定疗效。贺州要把贺州建设成为"温泉

▲ 游客在贺州温泉疗养

1　任媛媛：《中国旅游热点问题》，上海交通大学出版社 2012 年版，第 31 页。

2　引自《广西贺州市旅游业发展"十二五"规划》，第 44 页。

之都", 正在开发"第四代"温泉旅游产品, 目标是建成集温泉度假、商务会议、保健养生、休闲娱乐、温泉旅游地产、温泉高尔夫等功能于一体的复合型高档度假产品。总投资达 16 亿的南乡温泉项目正在建设当中, 这为贺州市开发温泉旅游产品创造了条件。这也将是贺州特色旅游产品中引人关注的品牌项目。

4) 昭平茶文化长寿游

昭平既是产茶大县, 有着比较悠久的种植历史, 也是长寿之乡, 应当把这两者结合起来。广西巴马长寿游把巴马的水 (山泉水) 和食品 (火麻、茶油) 等结合起来一起推销, 给外界的印象就是巴马人为什么长寿, 就是因为喝了巴马的水, 吃了巴马火麻、茶油等, 这带动了当地种植业等其它产业的发展。昭平也应当借鉴这样的方式, 开展茶文化长寿旅, 向外推销一个概念, 即为什么昭平人长寿, 就因为喝了昭平产的茶。把长寿这个品牌与茶叶、茶文化联在一起, 必将能产生较好的经济效益。

另外, 虽然贺州是客家人比较集中地聚居地, 客家文化底蕴深厚, 文化艺术旅游资源十分丰富, 有"客家围屋"等历史建筑, 目前仅局限于低层次的参观这个围屋建筑。但近期还难以更高层次的开发客家文化旅游资源, 即通过参与和体验获知客家人的历史和文化的文化体验式旅游, 比如各种与客家有关的参与性活动、历史事件及典故的多手段展示、文艺演出、会议旅游、姓氏祠堂文化游等等。

▲ 游客在昭平高山生态茶园采风摄影

（3）创新宣传营销方式，树立良好的品牌形象

"一流的企业做品牌，二流的企业做产品，三流的企业提供资源"。

因此，拥有一流的资源不一定有一流的产品，有着一流的产品不一定拥有着一流的品牌。[1]可以说旅游品牌的建设是一个长期的系统的工程。

贺州市旅游产品要想被旅游者广泛接受和参与，需要综合运用广告、人员推销、销售促进等各种促销手段，宣传特色旅游产品的特点及功能，从而迅速占领客源市场。

目前，贺州旅游宣传手段主要包括：

1）在时尚杂志、报纸、电视、知名网站上等直接刊登广告。比如，2012年5月18日，在香港文汇报上整个A11版面刊登以"桂林山水甲天下，贺州处处是桂林"的贺州旅游的广告。2012年7月3日，在文汇报A10版又全版刊登以"一生中可能要去两次黄姚古镇"为标题的贺州旅游广告。[2]

▲ 贺州市美食节

再比如，2013年到2014年，贺州市旅游局进行了香港地铁站、广州火车站、北京公交车候车亭背景旅游广告投放工作。投入50万元宣传经费在广西卫视投放的贺州旅游广告片已于2013年7月份播出。[3]

2014年，贺州市旅游局花70万元在桂林象山景区树立一个大的贺州旅游宣传广告牌。

▲ 2011年广西昭平茶暨生态旅游（广州）推介会

2）由市旅游局组织旅游企业积极参与旅游博览会和交易会，向与会的团体、机关单位、散客介绍贺州市旅游产品。2013年，贺州市旅游局组织贺州市主要旅游景区、旅行社赴粤西（江门、阳江、茂名三市）开展旅游宣传推介活动。二是组织参加国内旅游展会活动。组织20余家旅游企业负责人参加了在贵州举行的

1　2014年10月12日对贵州师范大学旅游学院某一副教授的访谈。

2　2014年8月22日访谈贺州市旅游局负责人时提供的材料。

3　贺州市旅游局提供：《贺州市旅游局2013年工作总结及下一步工作开展计划》。

▲ 富川瑶族
自治县脐橙节

▶ 钟山县贡柑文化节贡柑展销会

"2013中国国内旅游交易会"、在浙江义乌举办的"2013中国国际旅游商品博览会"、在广东广州举办的2013中国（广东）国际旅游产业博览会、在桂林举办"2013年桂林国际旅游博览会"等。[1]

　　3）邀请组团旅行社到贺州考察采线。2013年贺州市共接待了来自香港、澳门、俄罗斯、深圳、珠海、永州、衡阳、柳州等地的国内外组团旅行社约150余人次的考察团，到贺州进行考察采线活动，通过实地考察，使组团旅行社对贺州旅游有了更为深入的了解，组团宣传的力度进一步加大。[2]

　　4）到目标客源市场进行整体形象宣传。2014年贺州开展"游贺州——高铁之旅宣传促销"系列活动。分别到南宁、北海钦州等北部湾城市开展多种形式的宣传推广活动。

另外，贺州旅游的另一个目标客源市场是"粤港澳"，2013年，贺州市旅游局精心组织企业参加由海外华文合作组织及香港文汇报联合主办的"2012海外华人最喜爱华南旅游景点"评选活动，姑婆山国家森林公园获得"海外华人最喜爱华南自然风光旅游景点"、黄姚古镇获得"海外华人最喜爱华南历史文化旅游景点"荣誉。另外，在香港举行的2013首届中国旅游品牌国际交流推介会暨大美中华·旅游文化紫荆花奖发布会上荣获"大美中华·最具投资价值特色生态旅游城市奖"。[1]

5）与电视台进行营销和促销宣传。2013年，贺州市宣传部门协调中央电视台的心连心艺术团、《美丽中国乡村行》《客家足迹行》等栏目走进贺州，借助中央媒体的播出平台，将贺州优美的自然风光和别具特色的风土人情向全国的电视观众进行了展示。与广东南方卫视合作，开展"美丽中国贺州行.暨广东南方卫视带领名博走进贺州"主题活动。

2014年，贺州市旅游局在广西电视台推出广西"三月三"打3.3折活动，2014年9月在广西电视台推出持有教师证来贺州旅游打3折活动等。[2]

6）利用网络进行营销。贺州市旅游局建立了网站，旅游者能在网上方便快捷地找到贺州旅游产品相关的信息。另外，相关企业也建立了自己的网站，利用网络营销，使旅游者花很小的成本获得尽可能多的信，全面了解旅游产品的状况、特点、价格和信，最大限度的满足旅游者的信息需，达到一定程度上的信息对，实现旅游者的最大满足即方便、经济、实惠。

虽然贺州对于旅游宣传采用了多种方式，但我们可以看到，这种宣传和促销手段和方法还比较单一，还是属于比较传统通用的宣传手段，宣传方式方面难以推陈出新，旅游宣传工作长期以来没有大的突破，这就需要创新营销方式。

在调研当中，各旅游局负责人和相关旅游企业提出了一些创新宣传的建议和想法，现总结如下：

①把贺州旅游形象宣传口号变成：贺州，男人的后花园

贺州一直在打造"华南生态旅游名城"形象，但一直缺乏一个让人记忆和想象的口号，贺州打自己定位为"粤港澳"的后花园，贺州旅游形象完全可以定位为"男人的后花园"。这是因为，贺州主打休闲生态养生游，即山地生态游，温泉度假游等。一方面，贺州拥有"华南地区最大的天然氧吧"称号，而森林植物具有较明显的生态保健功能，植物经过光合作用，吸收二氧化碳放出氧气，植物还具有滞留尘埃、净化空气、增加空气中负氧离子含量的功能，且森林植物可分

---

1 贺州市旅游局提供：《贺州市旅游局2013年工作总结及下一步工作开展计划》。

2 2014年8月22日访谈贺州市旅游局负责人时提供的材料。

泌一种气体，也叫植物芳香气，可以消毒杀菌，具有防治高血压、冠心病、神经官能症、哮喘、气管炎等多种疾病的功效；另一方面，泡温泉时，大部分温泉中的化学物质会沉淀在皮肤上，改变皮肤酸碱度，故具有吸收、沉淀及清除的作用，其化学物质可刺激自律神经，内分泌及免疫系统。对身体健康有益处，比如可以辅助治疗皮肤病、心脏病，可消除疲劳等。贺州定位为男人的后花园，就是针对工作白领、工薪阶层等在假期来贺州休闲养生。

②营销要细分市场，针对特定目标顾客

近年来兴起的自驾游、探险游等，贺州旅游广告营销宣传应当深入这些群体。贺州在兴建旅游基础设施时，可以考虑建自驾游停车场。旅游地与婚纱摄影店开展合作，把旅游目的地当成重要的取景点。[1]

③宣传要有的放矢，内外有别

要明确宣传对象，根据他们各自不同的旅游需要进行有针对性的宣传，这样才可能获得预期的效果。否则，不看对象，不问效果，盲目地进行宣传，只会徒费人力、物力、财力。要做到有的放矢，内外有别，切忌内外兼顾。因此，组织宣传材料，绝不能用对内宣传的材料来对外进行宣传。广告宣传将宣传对象分得越细，针对性就越强，宣传效果就越好。如云南石林，对许多国家的旅游者有巨大的吸引力，但有些日本人对此却兴趣不大，原因是日本也有类似的石林。而桂林山水在日本却能引起轰动，因为他们没有这样的自然风光。

就年龄层次来讲，对年轻人可宣传挑战性、探险性和参与性旅游路线，而向老年人则以宣传较轻松的休假旅游线路为宜。有针对性的宣传能增加游客的知识、激发他们的兴趣，容易赢得他们的向往之心。

目前，贺州市的目标客源市场以湘桂粤三省区为基础，另外就是桂林市场分流的游客和港澳台、东南亚入境的游客，目前正在积极拓展华中、华东、华北地区市场。这就需要有针对性的对各类旅游的心理做深入细致的调查研究。要利用一切机会，运用各种信息手段，探索各种不同对象的兴趣之所在，以及采用何种宣传方式最易接受。

（4）完善激励政策，整合旅游资产

政府在旅游业发展过程中起到至关重要的作用。虽然市政府和各县区出台了各项激励政策，但需要完善。在调研中发现，2014年贺州市共有1000万的旅游业发展基金，其中有300万是用于旅游企业贴息，但是旅游企业根本没法用。[2]市各县区旅游局负责人建议：

1）把旅游基金中所有投入公共基础设施建设的资金都汇入企业，统一到企

---

1 这些建议根据访谈整理。

2 2014年8月22日访谈贺州市旅游局负责人。

业中去，由企业根据需要安排支出，政府进行监督。

2）制定系列定点帮扶政策，将政府每年刚性支出（会议、接待、消耗品等）项目与旅游企业签订协议，将这些政府消费点优先安排在旅游企业，以鼓励新的企业落户贺州，帮助原有企业发展升级。

3）建议从旅游企业上缴的利税中安排一定的财政专项基金，对按照要求完成一定年度投入、就业人数、宣传、旅游接待等任务的旅游企业实行按比例奖励。

4）建议给予旅游企业负责人一定的政治待遇，在人大代表、政协委员、商会、社会监督员等方面优先考虑旅游企业负责人。

5）引导各行业在上级安排扶持项目如有利于优化旅游产业发展环境的，优先考虑落户于旅游景区内或其周边。[1]

另外，特色旅游产品开发需要大量的资金投入，资金短缺往往成为制约区域旅游业发展的重要瓶颈。在市场经济条件下，投资来源应多元化。目前，贺州旅游业投入虽然投资主体已多元化，但这种多元化主要源于贺州市政府缺乏投资资金，把优良的旅游资源做为招商引资资本，吸引外部资金、社会资金和民间资金投入到旅游开发中来。这种多元化的资金进入贺州旅游业后，现在出现了一系列问题，比如经营主体不够清晰，混合而不合，整合难度大等，导致黄姚古镇和姑婆山森林公园 4A 提 5A 计划推进缓慢。[2]

目前，贺州市委市政府正在出台措施整合旅游资产，具体整合主要包括黄姚古镇、姑婆山森林公园和玉石林景区的资产。

1）关于黄姚古镇景区资产整合问题，主要是由桂东电力公司将黄姚古镇文化旅游有限公司委托广西贺州正赢发展集团有限公司经营管理。在完成委托经营管理手续后，由正赢集团与桂东电力、昭平县政府等有关单位协商办理黄姚古镇旅游文化公司整体作价入股到正赢集团或者正赢集团逐步收购股权。

2）关于姑婆山林场资产整合问题，由市林业局将姑婆山林场、姑婆山国家森林公园的经营性资产（包括土地使用权、经营开发权、酒店、游客服务中心、停车场、车辆等）整体委托正赢集团负责经营管理，然后市林业局将姑婆山林场、姑婆山森林公园的经营性资产整体作价入股正赢集团。由正赢集团负责管理经营性收入并负担姑婆山林场、国家森林公园在职管理人员、导游人员工资以及有关业务经费支出。

3）玉石林景区资产整合问题，由正赢集团通过股权收购，全资或控股玉石林景区的经营权、管理权。[3]

---

1 这些建议根据对市和各县区旅游局负责人访谈整理。

2 2014 年 8 月 22 日访谈贺州市旅游局负责人。

3 贺州市人民政府：《研究旅游国有资产整合工作有关问题的会议纪要》（贺政阅 [2014]4 号）。

目前，贺州市各部门仍在各自有阵，产业融合推进较缓慢。[1]

（5）注重特色旅游产品开发中的社区参与

社区参与是 20 世纪 80 年代中期，美国著名的旅游规划专家墨菲 (Muphpy) 提出的一种旅游规划方法。目的是要协调相关者利益，最大限度地让资源的持有者即目的地居民受益，实现可持续发展的同时保护社区利益。

贺州财政有限，开发特色旅游产品，应坚持走"全社会办旅游"和"以旅游养旅游"的思路，走政府引导性投入和社会多元化投入有机结合的路子，促进贺州市特色旅游产品的开发。真正有效建立"政府主导＋部门管理＋企业经营＋居民参与"的旅游区经济发展模式，使各相关群体都受益。而能否有效吸纳当地人参与到特色旅游产品的开发和经营，这不仅是旅游发展的群众基础，也是当地就业和经济来源的替代性选择，是影响旅游业发展和特色产品开发成败的重要因素。

目前贺州已开发的旅游产品中，社区参与非常有限，姑婆山森林公园基本上与周边的当地民众没有关系，临贺古城还没有开发，富川状元秀水村也还没有进行商业开发，温泉度假村建设与周边村民更是没太大关系。与当地民众关系最密切而且已经开发的旅游产品当属黄姚古镇。

我们课题组专门对黄姚古镇的居民参与进行调查研究，黄姚古镇里有 2000多人在古镇生活，每年每个居民从门票收入中分到的钱大概是 200 元。[2] 在古镇里的居民在自己家门口摆摊卖一些特产，包括豆豉、九制黄精等，另外就是居民开办客栈和饭馆。而在镇里面卖一些高附加值的东西，比如吉他、绘画工具等都是外地商人，好一点的客栈也是外地人经营。本地人卖的这些特产同质性很高，居民经常占道摆摊经营，古镇内脏乱难以治理，据镇干部反映，每次上级来检查，最让镇干部头疼的做好古镇内的卫生工作以及让居民不占道摆摊经营。[3] 这也说明黄姚古镇的社区参与还有待于进一步改善和提高。

如何协调古镇及民族村寨中利益相关者的利益，我国目前存在以下几种典型旅游经营管理模式，[4] 贺州市在开发古镇及民族村寨中可以有效借鉴。

1）"公司＋居民"模式

这种方式具体方式是：公司从事旅游开发管理，居民参与其中。公司可以直接与古镇或民族村寨中的居民联系合作，或通过村委会组织本地居民参与旅游发展。村寨居民接待服务、参与旅游开发要经过公司的专业培训，同时公司制定相关规定，以规范村寨居民的旅游经济行为，保证村寨旅游接待服务水平，保障公司、

1　2014 年 8 月 22 日访谈贺州市旅游局负责人。

2　2014 年 8 月 25 日对黄姚镇党委负责人的访谈。

3　2014 年 8 月 25 日对黄姚镇一镇干部的访谈。

4　这几种典型的模式资料来源于肖琼：《民族旅游村寨可持续发展研究》，经济科学出版社，2013 年版，第 90—97 页。

农户和游客的利益。

但是，如果公司在开发中太注重自身经济利益的最大化。在信息不对称的情况下，这种"公司＋居民"经营管理模式很容易产生短期行为，这不仅给农户造成经济损失，也会给古镇或民族村寨的自然生态环境和人文生态环境带来破坏性影响。

这种模式典型代表为云南元阳县箐口哈尼族村。[1]当地政府对村庄进行了统一的规划和设计，引导农户发展旅游业，并引进昆明世博公司，统一实施对箐口哈尼族村景区的经营管理。村寨农户可以从事旅游接待，并可利用其传统居民建筑资源自主经营旅游业，如餐饮、住宿、观光服务等项目。村寨还通过统一旅游标识、统一旅游商品标准、统一服务要求等，提升村寨旅游开发层次和旅游服务质量。

在政府引导、公司统一管理下，当地农户开始开发哈尼服饰和各种特色手工艺品，在村内工办哈尼服饰专营店、工艺品经营店、农家乐和蘑菇房旅馆等多项经营项目，改造后的村寨，部分农户收入来源增加。但是，由于在门票收入利益上的分配不均（旅游公司获门票收入的 70%，村寨提留 30%，村委会从中提取部分作为日常业务开支，村寨农户获益少），当地村寨绝大多数农户没有真正参与其中，也没有普遍从中获益，使农户对引入公司进行旅游开发的满意度极低，对外来公司的经营管理行为意见大，满意度低，相互之间矛盾经常激化。

2）"政府＋公司＋农户旅游协会＋旅行社"模式

这种模式各方角色清晰。政府做好旅游开发和环境保护规划，基础设施建设，优化旅游市场环境，协调旅游开发公司、旅行社与村委会、农户之间的关系；旅游公司总揽投资管理、市场营销推广和商业运作等；农户旅游协会负责组织协调本村农户参与旅游接待以及维护治安卫生，负责维护和修缮各自的传统民居，协调公司与农户利益，组织农户参加英语、导游知识等各项培训；旅行社负责组织旅游团到村寨旅游；村寨农户则主要参加旅游接待，如参与者地方戏的表演、导游、旅游民居接待、制作销售旅游产品和自主经营餐饮、运输、农副产品等。在收益分配方面，旅游公司统一收取门票收入，门票收入除支付各种成本外，还按一定比例投入农户旅游协会基金，支持旅游协会可持续运作，而参与村寨旅游接待的农户领取到工资，并可自主经营旅游项目，自负盈亏。

这种模式的典型代表是贵州天龙屯堡村寨旅游的开发管理。2001 年，三个土生土长、创业有成的屯堡精英共同出资 100 万元组建旅游公司，从当地政府手中获得 60 年经营权。之后，农户组建农户旅游协会参与决策。"政府＋公司＋农户旅游协会＋旅行社"的天龙模式初具雏形。2006 年，又与旅行社和媒体捆绑为更大的利益共同体。这种由公司主导，市场动作，村寨农户旅游协会组织协调农

---

1 箐口哈尼族村地处红河州，远离经济文化中心城市，农业生产也处于相对劣势地位，有著名的梯田。

户参与、从中受益，极大地调动了农户的积极性，天龙屯堡在激烈的市场竞争中脱颖而出。

在旅游分配上，村寨除留出部分作为旅游开发项目的再投入资金外，剩余部分则按照政府、公司、旅行社、协会四等份进行平均分配，属于农户这一部分再由协会按照多劳多得的原则分配给农户，农户自己出卖的旅游商品全部归农户所得，政府不得提成。合理分配，按劳取酬的原则使得广大农户从旅游开发中普遍得到了实惠，激发了他们的热情。

另外，村寨除了不断壮大旅游协会外，其他如种植协会、养殖协会等农民合作组织应运而生，农副业收入明显增加，农户利益共享避免了村寨旅游开发的过度商业化，最大限度地保护了本土文化。

3）"旅游管理委员会（协会）+农户"模式

这种模式是在旅游开发初期，古镇或村寨旅游以农户为经营为体，在古镇或村寨里从事旅游接待"示范户"的帮助下，大多数农户从示范户学习从业经验和技术，逐渐参与进旅游业的开发和经营。随着或古镇或村寨旅游规模的进一步增加和旅游资金的逐步积累，古镇或村寨里的农户对外来公司介入旅游开发有一定的顾虑，大多数农户不愿意把资金或土地交给公司来经营，而愿意交给古镇或村寨旅游管理委员会或旅游协会来统一经营管理。由此形成了"旅游管理委员会（协会）+农户"模式。这种模式投入较少，接待规模和游客数量有限，却能最真实地保留当地文化，但这种模式发展下的古镇或村寨旅游经济的带动效应相对有限。

这种模式的典型代表是贵州村寨旅游的发源地——雷山县郎德苗族上寨。[1] 其旅游收益分配一直采用工分制形式，由村寨集体举办的苗族歌舞表演是村寨最主要的旅游项目，村寨全体村民、无论男女老少，都有平等参与表演与分配权，按贡献大小计工分进行分配。在旅游接待的表演总收入中，村委提留30%，用于村寨修桥补路，维护村寨卫生等与旅游相关的开支。其余70%对农户按劳分配，凭工分计酬。每场旅游接待以家庭为单位，按家庭实际出工数，记工分一分，多来多得，少来少得，不来不得，每月结账一次。旅游收入和分配情况定期公布，受村民监督。

政府的作用是参与指导，支持农户从事旅游接待，并为开办旅游住宿设施的农户提供电视、消毒柜等必要设备，每年给予6000元的资金支持，激励农户参与旅游业。

这种旅游开发模式实质是"一种集体经济模式、一种社区自治模式，由村党

1　郎德苗族上寨位于贵州省黔东南苗族侗族自治州雷山县报德乡，距凯里市区29公里，距县政府雷山7公里，是贵州省东线民族风情游的重点村寨之一。这是一个有百户人家的苗族村寨。1985年，郎德上寨作为黔东南民族风情旅游点率先对外开放；1993年载入《中国博物馆志》；1997年被文化部命名为"中国民间艺术之乡"；2001年被列为"全国重点文物保护单位"闻名中外，是旅游观光、考察苗族文化、领略苗族风情的首选村寨。每年接待中外游客3万多人次，成为贵州东线旅游热点。

支部牵头的村民委员会扮演组织者和引导者角色，承担起民族村寨的组织和管理事务，按照村寨农户各自的经营需求和参与特长，把全村的农户组织起来共同参与从事村寨旅游，参与本村寨的建设管理、旅游接待和文化传承。"[1]

4）"政府 + 公司 + 农户"模式

在这种模式下，政府作为古镇或村寨旅游开发的宏观管理者和调控者，当地农户作为古镇或村寨旅游开发的主体，旅游公司作为古镇或村寨旅游项目的投资者和经营者，三方共同开发，共同受益。这种模式可以产生较大规模的经济效益、社会效益和生态效益。

这种模式的典型代表是云南丽江束河古镇村寨旅游。

5）"政府 + 农户"股份制经营模式

在这种模式中，政府对古镇或村寨旅游经济活动进行直接的经营和管理，同时农户也以一定的资金、劳动力、家庭旅馆或餐馆等方式入股参与旅游和联合经营。古镇或村寨的农户除了参与旅游经营，如在旅游商品买卖、就地务工等行业中获得相应经济报酬外，还可以按照一定的分配额度在年终时获得股份制经营方式后带来的红利分红。这种"政府 + 农户"的股份制经营方式使利益相关者在古镇或村寨旅游开发中按照自己的股份获得相应的收益，实现古镇或村寨居民深层次的参与，保障居民切身利益。

这种模式典型的代表为四川阿坝九寨沟自然保护区内的扎如、荷叶和树正 3 个藏族村寨。这 3 个村寨在旅游发展初期，农户通过经营家庭旅馆、餐馆等方式参与旅游经营，但恶性竞争导致旅游经营收入下降、邻里关系矛盾突起等问题。为避免这一系列问题，1990 年，10 家农户以床位入股的方式成立了树正联营公司，统一经营村寨的家庭旅馆和餐馆。1992 年，九寨沟旅游管理局下属的联合经营公司统一经营管理，开始了政府与当地农户联合经营家庭旅馆和餐馆，但收益的大部分归农户所有，旅游管理局从完全由财政支持的行政事业单位变为自收自支的事业单位。1998 年，村寨内的家庭旅馆和餐馆陆续停止经营，由旅游管理局向村寨农户发放基本生活保障费，以补偿农户的经济损失。当地农户在关闭家庭旅馆和餐馆后，以入股联合经营公司、出租衣服照相等方式继续参与者旅游经营，同时获得分红。同时成立董事会、监事会，定期召开股东代表大会，其中村寨农户占股份 49%，旅游管理局占 51%，但在利润分配上农户占 77%，旅游管理局占 23%。这种"政府 + 农户"股份制的经营管理模式使双方获得持续增长的经济收益，村寨经营秩序良好，九寨沟民族村寨旅游逐渐被打造成一个世界知名品牌。

这五种古镇或村寨旅游经济管理模式的比较如表 2-18 所示，可以看出，如果由地方旅游局或旅游局下属的旅游公司为主体，较少顾及甚至忽视古镇或村寨

1　肖琼：《民族旅游村寨可持续发展研究》，经济科学出版社，2013 年版，第 94 页。

的农户利益，则不同程度地存在利益矛盾冲突，影响农户的经济收入和满意度，制约古镇或村寨经济运行的效率和总体经济发展水平。如果由古镇或村寨集体组织为主体，或在政府有效指导下由农户自行开发的经济合作模式，则更容易让农户积极参与其中，并从中获得较高的满意度和较高的经济效率，古镇或村寨的经济更能持续增长。

表 2-18　古镇或村寨旅游经济管理五种模式对比

序号	所在位置	资源依托	利益相关者	经济管理模式	分配机制	经济博弈合作效果
1	云南元阳菁口村	哈尼族梯田风光、哈尼族梯田村寨文化	旅游公司、村委员会、农户	公司＋居民	旅游公司获门票收入的70%，村寨提留30%，村委会从中提取部分作为日常业务开支，村寨农户获益少	旅游公司为主体，村寨农户参与不广、参与度不深，受益面窄，满意度低，经济效率低
2	贵州平坝天龙屯堡	村寨石板房民居、屯堡村寨文化	政府、协会、农户、旅游公司、旅行社	政府＋公司＋农户旅游协会＋旅行社	政府、公司、旅行社、协会四等份进行平均分配，属于农户这一部分再由协会按照多劳多得的原则分配给农户	各方广泛参与者并均能从中获益，村寨农户满意度高，经济效率高
3	贵州郎德苗族上寨	苗族村寨自然风光、苗族建筑群落、苗族歌舞服饰文化	村委会、农户	旅游管理委员会（协会）＋农户	村委提留30%，用于村寨开支和村寨。其余70%对农户按劳分配，凭工分计酬。	民族村寨农户全面参与，受益广，满意度高。但经济效率较低
4	云南丽江束河村寨	纳西族村寨田园风光、民族传统文化	政府、公司、农户	政府＋公司＋农户	政府从中分成，旅游公司从门票和商业经营所得，村寨农户自主经营所得	各方全面参与且共赢，村寨农户受益面广，满意度高，村寨经济效率高
5	四川阿坝九寨沟旅游村寨	世界级自然风光	政府、农户	"政府＋农户"股份制模式	利润分配上农户占77%，旅游管理局占23%	政府、农户均能获得较高收益，村寨农户受益面广，满意度高，村寨经济效率高

资料来源：肖琼：《民族旅游村寨可持续发展研究》，经济科学出版社，2013年版，第96—97页，作者根据资料修改制表格。

分析贺州具体情况，已开发经营的黄姚古镇采用的是第一种旅游经济管理模式，即"公司＋居民"模式，旅游公司获门票绝大部分门票，村民收入分成每年每人只有200元左右，可以说，古镇农户对旅游业参与不广、参与度不深，受益面窄，满意度低，经济效率也低。在调研中发现，现在贺州市下属企业——广西贺州正赢集团有限公司正在收购原来的旅游投资公司（广西昭平黄姚古镇文化旅游有限公司），而由黄姚镇政府下属的管理局全部负责古镇的社会管理工作（原来是由政府、管理局、旅游公司和管委会四家一起负责），镇上环卫人员，保安等人才物全部由黄姚镇政府下属的管理局统一管理。[1] 正在形成"政府 + 公司 + 农户"的经济管理模式。但如何协调三者之间的利益，仍然需要进一步探索。

另外两个古镇村寨秀水状元村和临贺故城。政府没有足够资金投入，临贺故城的开发现在只能招商引资，如何形成"政府 + 公司 + 农户"三方共同开发，共同受益，也需要进一步探索。而云南丽江束河古镇村寨旅游"政府 + 公司 + 农户"的旅游经济管理模式非常值得借鉴。

而富川的秀水状元村，基础设施已经初步完备，富川县政府下属企业富川文化旅游发展公司已于 2013 年 11 月 17 日与广东恒健、广东中旅签订了旅游产业合作战略性框架协议。[2] 因此，秀水状元村可以借鉴贵州平坝天龙屯堡"政府 + 公司 + 农户旅游协会 + 旅行社"的模式，让各方广泛参与者并均能从中获益。

1　2014 年 8 月 25 日对黄姚镇党委负责人的访谈。

2　2014 年 8 月 27 日对富川县旅游局负责人的访谈。

第三章 Chapter 3

贺州特色城镇

发展探讨

诺贝尔经济学奖得主、美国经济学家斯蒂格利茨断言，21世纪对世界影响最大有两件事：一是美国高科技产业，二是中国的城市化。中国许多研究城镇化的学者，如吴良镛、蒋正华、郑新立等，已经把城市化看成了中国现代化的必由之路和21世纪中国最大的变化特征。

早在20世纪80年代，著名社会学家、全国人大常委会副委员长费孝通先生提出了"小城镇、大文章"的观点，突出小城镇建设。因此，中国城市化被称为"城镇化"。1984年的中央1号文件《中共中央关于1984年农村工作的通知》肯定了小城镇建设；1998年10月14日中共十五届三中全会通过的《中共中央关于农业和农村工作若干重大问题的决定》，第一次明确提出了"小城镇、大战略"的城镇化发展战略；2012年11月，党的十八大报告强调，要在提高城镇化质量上下功夫。提出走中国特色新型城镇化道路，推动工业化和城镇化良性互动、城镇化和农业现代化相互协调，实现"四化"同步发展。

在具体发展战略中，提出"科学规划城市群规模和布局，增强中小城市和小城镇产业发展、公共服务、吸纳就业、人口集聚功能。加快改革户籍制度，有序推进农业转移人口市民化，努力实现城镇基本公共服务常住人口全覆盖"。同时，要加大统筹城乡发展力度，增强农村发展活力，逐步缩小城乡差距，促进城乡共同繁荣。随后，2012年12月召开的中央经济工作会议，对城镇化的历史定位和发展思路进一步明确和细化，提出"城镇化是我国现代化建设的历史任务，也是扩大内需的最大潜力所在，要围绕提高城镇化质量，因势利导、趋利避害，积极引导城镇化健康发展"。此次会议还强调，要构建科学合理的城市格局，大中小城市和小城镇、城市群要科学布局，与区域经济发展和产业布局紧密衔接，与资源环境承载能力相适应。要把有序推进农业转移人口市民化作为重要任务抓实抓

好。同时，把生态文明理念和原则全面融入城镇化全过程，走集约、智能、绿色、低碳的新型城镇化道路。

2014年的中央城镇化会议则要求，要紧紧围绕提高城镇化发展质量，稳步提高户籍人口城镇化水平；大力提高城镇土地利用效率、城镇建成区人口密度；切实提高能源利用效率，降低能源消耗和二氧化碳排放强度；高度重视生态安全，扩大森林、湖泊、湿地等绿色生态空间比重，增强水源涵养能力和环境容量；不断改善环境质量，减少主要污染物排放总量，控制开发强度，增强抵御和减缓自然灾害能力，提高

▲ 八步灵峰广场

▲ 钟山县城北环大道

历史文物保护水平。可以说，中国的国情决定了小城镇建设是我国城镇化的重要组成部分，推进城镇化的过程核心是以人为本，关键是提升质量，与工业化、信息化、农业现代化同步推进，在具体工作中，要坚持因地制宜，探索各具特色的城镇化发展模式。

◀ 贺州广场全景

一、贺州建设特色城镇的依据

目前，贺州城镇化的发展并不均衡。2002年建市以来，市、县城都取得了一定发展，但是乡镇的发展却明显薄弱。并且，贺州地广人稀，小集镇星罗棋布，无法获得产业发展所需的人口聚集效益和规模效益，聚集不起市场和服务功能。因此，如何探索出一条适合贺州实情的新型城镇化道路，成为贺州必须研究的问题。

2014年7月份广西自治区党委书记彭清华莅临贺州考察工作，站在全广西发展的高度，对贺州当前的工作和未来发展作出了明确的指示：贺州未来的发展"要坚持特色农业、特色旅游、特色城镇三管齐下，建设生态良好、风情浓郁、宜居宜商的美丽贺州。"

2014年4月，贺州市委书记赵德明在接受中国经济网采访时强调，"在贺州市新型城镇化建设进程中，始终坚持'建设好市区、发展好县区、扶持重点镇'

的工作理念，重点扶持重点镇建设，将重点镇打造成为具有县城水平的中心城镇，提升其对周边村屯、乡镇的资源吸附力、人口吸附力以及产业聚集力，从而形成'小村并大村、大村进乡镇、小镇并大镇、大镇成县城'的规模格局。"

因此，贺州的小集镇建设必须向中心镇集中。根据区位条件、要素禀赋和社会经济发展的要求，以中心镇建设为基础，积极推进小城镇的合理布局和建设，经由农业产业化推进、农村非农产业和乡镇企业的发展，形成多业型的产业结构、中间形态的产业技术结构、混合型人口结构、城乡交融型的社会文化、紧凑型的空间布局和初具规模的基础设施，从而带动农村、小城镇的繁荣与进步。

对如何走新型城镇化道路，发展特色城镇。贺州市采用的策略是在重点镇先试先行，进行机制体制创新，通过五年、十年的时间，把重点镇打造成为具有县城水平的中心城镇，从而加快贺州市新型城镇化的建设步伐。

对于重点镇的选择，贺州市按照严格标准，最终选出了17个符合科学标准的重点镇。重点镇的选择按照：一、人口基数标准，包括户籍人口、常住人口和流动人口；二、区域均衡标准，要把中心镇作为地区经济增长极来选建和培育，促进地区布局合理、平衡；三、经济实力标准，

▲ 富川瑶族自治县城区风貌

◀ 昭平县县城全景

要科学确定中心镇生产总值、非农产业比重、财政规模等指标的最低标准。四、生活状况标准，居民的人均收入、人均居住面积、人均建设面积、人均道路面积、人均绿化面积、人均自来水供应量、人均供电量等都应有指标要求，对科研力量、教学条件、文化设施等也应有具体的量化标准；五、发展潜力标准，如自然资源、土地面积、区位优势、人文优势、交通运输条件等科学标准而精心选出的 17 个重点镇。

把发展重点镇作为贺州特色城镇化的特点和亮点，全面增强和突出小城镇，特别是 17 个重点镇的承载力、充分发挥福射带动作用，以弥补因地理分割导致贺州城市辖射范围有限的缺陷。本课题的研究主要针对贺州重点镇建设而展开。

二、贺州重点镇发展基本情况 [1]

近年来，贺州市各重点镇把统筹城乡发展作为落实科学发展观的一项重要举措，依托自身优势，锐意改革创新，各项建设取得了长足进步，经济社会发展呈现出良好势头。

（一）经济发展步伐加快，经济实力不断增强

近年来，各重点镇坚持把经济建设摆在首位，以项目建设为龙头，以产业培育为目标，充分发挥区位、环境和资源优势，因地制宜，突出特色，稳步推进一、二、三产业发展，经济实力快速增强。截至 2013 年，重点镇固定资产投资平均达到 10.8 亿元，与 2002 年全市平均水平相比，平均增长 55.84 倍；财政收入平均为 3590 万元，平均增长 28.42 倍。重点镇规模以上企业数量达到 72 家，比 2002 年平均增长 1.9 倍。目前，全市 17 个重点镇中财政收入超千万的有 12 个，2000 万—5000 万元的有 3 个，分别是莲塘镇、贺街镇、莲山镇；1 亿元以上的有 3 个，分别是信都镇、黄田镇、望高镇。与此同时，各重点镇结合本地实际情况，通过项目驱动的方式，带动产业发展，特色产业初见雏形。如平桂管理区黄田镇，充分利用其丰富的重钙矿产资源，加大招商引资力度，在东水下排规划建设一批碳酸钙产业投资项目，打造镇域工业园区；钟山县清塘镇，紧紧围绕革命老区建设五大项目建设，以英家广西壮族自治区省工委驻地旧址和英家起义纪念亭及粤东会馆等为载体，打造红色旅游产业品牌；富川瑶族自治县麦岭镇已有一期总投资 15 亿元的中核风电场项目及二个一期总投资超 4 亿元的新能源风电场项目落户，均已实现实质性开工，计划 3–5 年内建成广西有名的风电开发大镇。产业的发展增强了重点镇的经济实力，为重点镇城镇建设、社会事业发展提供了有力保障。

（二）基础设施建设加快，城镇功能日趋完善

各重点镇不断加大基础设施建设力度，加快社会事业发展和公共服务设施建

---

1 贺州重点镇的基本情况，主要参考贺州市委改革办调研组的报告：《贺州市重点镇发展调研报告》，笔者也参与了调研的部分过程。

▲ 贺江花园住宅小区

设，城镇功能日益完善，城镇框架不断拉大，建成区功能渐趋完善，市容环境进一步亮化美化。从交通条件看，17 个重点镇均已建成二级路以上的等级公路，其中 6 个乡镇 10 分钟内可直上高速路，12 个乡镇均能在半小时内通达市区或县城，各镇通往中心村的道路均已硬化，部分已开通通村公交车。从城镇建成区面积看，有 13 个重点镇建成区面积超过 1 平方公里，镇区内通信、供水、供电、市场、环卫、金融、广电等基础设施极大改善，教育、卫生、住宿、餐饮、娱乐等公共服务设施不断健全。日益完善的基础设施增强了重点镇对周边村镇的辐射带动能力和人口积聚功能。调查结果显示，重点镇近三年的常住人口呈不断上升趋势，2013 年 17 个重点镇常住人口均在 2 万人以上。

▲ 富川瑶族自治县城区风貌

如发展较快的八步区信都镇，近三年市政公用设施建设投入资金共 805 万元，公共服务设施建设投入资金共 445 万元，污水处理厂、自来水厂、供水管网、输变电站一应俱全，镇区路网等级和密度不断提高，七成以上的行政村通公交或客运班车；钟

▲ 钟山县城
商住小区

山县回龙镇为推进新区建设，以高速路引线外围100亩城建用地为基础，规划建设一个功能齐全的综合开发项目，加快自来水、污水、垃圾处理设施建设和园林绿化等建设，突出抓好通村公路、集镇主要街道路面硬化、水利设施以及人居环境等基础设施建设；昭平县马江镇，计划于2014–2019年，投资69600万元，规划建设信塘新区、市民广场以及马江镇客运中心等固定资产投资项目。

（三）公共服务日益健全，社会事业显著进步

全市17个重点镇都普遍具有基础较好、发展潜力大、辐射带动能力强的特点，是所在县（区、管理区）乃至全市深化改革的"排头兵"。近年来，在各级党委政府的高度重视和关心支持下，重点镇加快发展社会事业，突出民生重点，逐年增加对基础教育、基本医疗、公共卫生、基本社会保障、公共就业服务和基本住房保障等方面的投入，重点镇义务教育经费保障机制、城乡公共卫生和医疗保障体系不断完善，基本社会保障体系逐步建立，公共文化、公共就业服务体系建设取得重大进展。2013年，17个重点镇新农保参保率均达87%以上，新农合参合率均达97.7%以上，重点镇镇域内低保对象、特困家庭救助实现全覆盖，初步实现以重点镇为中心节点，公共基础设施往农村延伸，公共服务往农村拓展，城市文明向农村辐射的目标。

各重点镇大都有承接县（区、管理区）直相关职能部门的下放权限，建立权、责、事的统一协调和激励机制从而激发干事活力，将公共服务进一步做好做优的迫切愿望。如八步区信都镇建议将涉及市住房和城乡建设委员会、市国土资源局和区发展和改革局等多个市、区直单位，包含发展决策、项目审批、社会管理、综合执法等行政管理事项及权限，通过委托放权和内部调整的方式下放；八步区桂岭镇、昭平县马江镇要求权限下放要配套，实现人、财、事的统一。富川瑶族自治县麦岭镇则希望采取委托执法和联合执法方式，建立县镇联动机制，进一步增强乡镇执法监督、管理社会的职能并根据基层实际情况尽可能地简化部门项目审批服务环节。上述议题得到市委深化改革领导小组的高度重视，正专题研究逐步得以落实。

（四）筹资渠道渐趋多元，重点项目频频落地

目前重点镇建设所需资金主要有三个来源：一是整合自治区级财政中移民扶贫、土地整理、水土保持、以工代赈等涉农专项资金及贷款，二是积极吸纳社会资金，特别是通过招商引资、引导个体私营大户和富裕农民在镇投资等形式，加快城镇重点项目建设，三是通过成立投融资公司等专业化的地方资本运作平台来积极筹措资金。

如八步区桂岭镇，依托现有产业、资源、人口众多等优势，承接污染小的劳动密集型产业，大力招商引资、引导民间资金发展服装、家具、林业、玩具等产业；平桂管理区黄田镇则在筹措建设资金上动作较前、较主动，已成立融资公司作为推进城镇化融资平台和招商引资平台，并依托矿产资源着手成立镇域工业园区；钟山县清塘镇大力引进资金雄厚、技术领先、能源清洁的外地项目，努力做好工业强镇文章，现已拥有电厂、纸厂、轻质碳酸钙厂、木材加工厂、针织厂、花灯厂、水泥预制品厂、自来水厂等十余家企业，投资3800万元的威林瓷业项目已于2013年竣工投产、投资1200万元的大爽砖厂二期工程已完成建设；富川瑶族自治县莲山镇拥有"东部区位、西部政策"之优势，建成大型脐橙产业园，享受国家实施西部大开发、促进广西经济社会发展、扶持民族地区、贫困地区等一系列优惠政策，主要通过积极整合上级下拨的政策性资金推动项目建设。

▲ 富川瑶族自治县风雨桥夜景

▲ 昭平县文化广场

▲ 平桂管理区平桂大道

三、贺州市重点镇（特色城镇）建设存在的主要问题

从调研的情况看，各重点镇在城镇建设、培植财源、改善民生等方面都做了大量工作，取得了明显成效但由于受多方面因素制约，推行进一步改革还面临着重重障碍，其共性问题主要表现在以下几个方面：

（一）方向定位和发展规划不够明晰，特色不明显

表现为：相当一部分重点镇发展定位把握不到位，有的缺乏整体规划，或者规划不完整，对发展定位和发展布局、功能分区没有明确；有的在制定规划过程中，把工业、农业、旅游业等都列入规划，搞大而全，忽略了重点和特色，结果是什么都在做，却没有什么特别冒尖的产业；有的发展定位缺乏连续性，"一届班子一个思路"，造成了规划体系混乱，也给规划实施带来了困难。目前多数重点镇还在延用原来的城镇规划，规划层次低，各项规划之间不衔接，专业水准差，覆盖范围窄，与新的城镇功能定位差距明显，规划的科学性、前瞻性、操作性不强，加上各项规划编制基本都是以县（区、管理区）直部门为主、乡镇配合，部门之间配合沟通不够，致使各种规划间的互补性、兼容性较差，一些规划在制定时就衔接不畅甚至相互矛盾，急需重新修规。受自身力量的限制，重点镇对各项规划难以一一落实，规划调整的随意性较大，特别是对破坏土地规划的行为缺乏有效的制约和惩处手段。比如，对于农村乱搭乱建、占用耕地违规建房等现象，乡镇国土所、村镇规划建设所因无执法权而难以采取强制措施制止，只能进行政策宣传或下达停建通知书。

（二）事权、财权、责任三者匹配的矛盾

（1）事权与财权不对称

在我国 1994 年实施的分税制财政体制改革及本世纪初实施的农村税费改革中，乡镇政府在各级政府间财政收入分配结构中的比重大幅度下降，而对乡镇政府事权的划分却基本上还维持着原包干财政体制下的事权格局，这就在客观上形成了乡镇政府被赋予的责任很大，承担的事务很多，但被赋予的财权却很小，造

成乡镇政府财权与事权的高度不对称、不匹配，最终导致乡镇政府在保工资、保运转之后严重缺乏用于各项公益事业及城镇基础设施的建设资金，这在我们所调查三县二区 17 个重点镇表现得比较突出。如八步区桂岭镇，长期以来税源单一，无规模以上企业支撑，税源主要来源于矿产、水电、城建项目，2013 年公共预算财政收入 1523.68 万元，由于实行"乡财县管"，仅依靠上级划拨的极其有限的工作经费来维持，没有大企业支撑，无充足的可用财力用于各项基础设施建设和引导市场经济发展，致使乡镇经济社会发展受到影响。

（2）责任与权力不配套

随着经济较发达乡镇的快速发展，乡镇城区面积不断扩大，集聚人口不断增多，城镇管理任务也越来越重但乡镇政府与之对应的管理权、执行权却严重脱节，使乡镇政府履行职责和在为辖区居民提供公共服务时经常面临"有责无权"的尴尬。很多涉

▲ 位于八步区信都镇的桂粤县域经济产业合作示范区钢铁企业

及民生的职权，如经济管理权、城镇管理权社会管理权，以及项目使用土地的审批、农村宅基地建房审批等都在县级相关部门，有的甚至在省级部门，办事程序繁杂，花费时间较长，给乡镇政府和群众都带来了很大不便。与此同时，上级所有部门

▲ 位于平桂管理区西湾镇的广西千亿元碳酸钙产业示范基地

的指示和文件都要由乡镇政府落实，由于缺乏相应的权力，有时遇到棘手问题，便束手无策。目前乡镇保留的站所中大部分"有钱有权"的站所都实行了垂直管理，镇派出所级别为正科级，和镇政府平起平坐。乡镇党委、政府与垂直部门派出机构的关系，已由原来的领导与被领导的关系，变成了现在的协调与商量关系。过去的"七站八所"，目前仅剩下一些无权无钱的"弱势部门"仍归乡镇管理，而其审批、执法等职能依然在市县（区）。这种"管事不管人"的体制，导致乡镇政府职能残缺不全，因而形成乡镇经济和社会管理中"看得见的管不着""管得着的看不见"的非正常现象。

◀ 位于平桂管理区望高镇的贺州旺高工业区全景

（三）权力下放与承接存在矛盾

（1）权力供需失衡

县（区、管理区）级政府的权力下放意愿直接决定了改革的实施效果。目前，虽然各类政策文件中提及的下放权力很多，但实际上，部门愿意下放的权力与乡镇实际需求的权力并不完全一致，乡镇需要的权力没有下放，不需要的权力下放了。目前一些重点镇迫切需要一些实权来推动改革，如国土、安监等部门的执法权，但法律严格规定，这类权力只能由县（区、管理区）级执法部门行使。部门下放的权力，与重点镇的真实需求相比，显然是杯水车薪，甚至毫不匹配。即使拿到上一级机关审批，又受部门法规条例、权责条块划分的约束，从而影响项目进度，例如信都工业园建设初期，政府以租代征集中了1700亩的土地，部分企业想转型发展，但因不是工业用地指标，根据相关规定，难以获得审批通过。

（2）人才缺乏影响权力承接

当前，乡镇基层干部队伍存在人员配备较少、年龄断层、能力经验不足、专业知识匮乏等问题，上级政府下放给基层政府的权力容易出现无人对接、不愿对接、无能力对接以及权力运行低效的现实困境。在乡镇政府社会管理事务增加而部门和人员编制基本未变动的情况下，人员配备不足使得下放的权力无人对接、不愿对接；长期以处理农村事务为主要工作的基层干部在面对执法难度加大的中心镇事务时，受到专业知识以及经验不足的能力制约，下放给基层政府的权力出现无能力对接的困境。经过调研我们发现，2012年，自治区将项目审批权下放到市、县，方便了项目业主办事，但由于县（区、管理区）发改局的力量不足，熟悉业务的人员较少，对项目把握不够准，诸如中央财政项目还是由市发改委审批。目前，项目的实施主要以县级主管部门为主，便于技术把关和项目管理，相关权限未放到乡镇。

（3）乡镇执法人员权力与执法公平不相适应

重点镇改革将使得数量巨大的乡镇执法人员拥有一定的应变权、裁量权和处置权等执法权力，其初衷是希望两者的结合能为民谋福，为乡镇发展做出贡献，但如果二者不能有机结合起来，就很有可能导致权力的虚化或者权力滥用，与改革的初衷背道而驰。改革是否能取得预期效果，进而能推动法律和行政力量的变化，或者是各乡镇无法控制执法人员素质，而导致执法不公，进而导致改革试点的失败，两者皆有可能。造成执法不公的可能性来源于两个方面，客观方面是由于执法人员整体素质不高，如在八步区信都镇调研时，一位有关站所负责人希望获得与业务相关的执法权，但是当我们问他具体在该业务范围有哪些相关法律法规时，他答不上来。从主观方面来说，由于乡镇执法人员作为"裁判员"，往往自己或者自己的亲戚朋友也是"运动员"，造成角色混同，乡镇执法人员的一个整体特点就是来自本地，沾亲带故的乡里乡亲特别多，执法人员对待一般的群众违法时，也许能秉公执法，但是当自己的亲戚朋友违法时，往往网开一面，这就可能导致权力的虚化，而当和自己或者自己的亲戚朋友有过节的群众违法时，往往又在没有法律依据的情况下加重处罚，这就可能造成权力的滥用。

◀ 八步区莲塘镇
仁冲生态文明村

▲ 富川瑶族自治县大深坝新农村新貌

四、贺州特色城镇发展的意见和建议

（一）统一思想，凝聚合力

一要厘清思想认识。加快重点镇发展，是形势所趋、发展所需、民心所向，贺州市全市上下必须提高思想认识，以坚定不移的态度和果敢有力的措施予以推进。当前，特别要厘清把"改革"等同于"建设"、或者把"改革"与"建设"截然分开两种错误认识，既要看到两者区别，也要看到两者的内在联系，只有这样才能更好凝聚共识，深化改革，推动建设与发展。二要加强组织领导。建议成立由市委、市政府主要领导任组长，市直有关部门主要领导为成员的"贺州市重点镇建设领导小组"，高规格推进重点镇建设，并抓紧制定出台加快重点镇建设的《指导意见》，确保市县乡各级思想统一、方向明确。同时，要求各县（区、管理区）也要成立相应机构，按照"一镇一策"的要求，制定具体推进方案，切实抓好重点镇建设。三要强化指导检查。加大指导帮扶力度，给重点镇定任务、定目标、定考核，并在规划、项目、资金和人才等方面给予大力支持，帮助重点镇增强发展信心。同时，要建立专项督查制度，加强对重点镇工作的检查，定期通报进度情况。特别是要根据工作阶段性部署要求，组织开展扩权强镇、资金拨付、

◀ 富川瑶族自治县大深坝新农村新貌

◀ 昭平县黄姚镇新街民居

税费返还、土地保障、投融资平台建设等方面的专项督导检查，传递压力，强力推进重点镇建设。四要加强舆论宣传。针对一些领导干部对重点镇工作的认知偏差，要通过会议学习、层层动员、教育培训、媒体宣传等多种手段，进一步加强宣传教育，使重点镇改革与建设工作深入人心、家喻户晓，切实营造加快重点镇发展的浓厚氛围。

（二）找准定位，科学规划

一是科学定位，高起点谋划发展蓝图。各重点镇要结合主体功能区建设和《贺州市新型城镇化发展规划》，坚持战略思维，立足当前，着眼长远，面向未来，尽快确立自己的发展方向、功能定位、人口规模、产业结构和主打产业，高起点高标准制定相应规划，特别要按照"生态旅游观光、生态休闲度假、生态养生保健、生态晚年健康"四大业态发展思路，探索"一镇一特色"的发展路子，比如加快建设"循环经济重点镇（如富川莲山镇）、旅游休闲重点镇（如昭平黄姚镇、平桂黄田镇）、历史文化重点镇（八步桂岭镇、富川朝东镇、钟山清塘镇）、生态环保重点镇（昭平马江镇、平桂沙田镇）、品牌特产重点镇（平桂公会镇、富川麦岭镇）"等，推进"个性化、特色化、专业化、品牌化"特色重点镇建设。二是科学规划，优化城镇和产业空间布局。全面树立"和谐规划、资源规划、统筹规划、机制规划、约束规划"等科学规划理念，根据重点镇的地理位置、资源环境、人口分布等各种特点，因地制宜、更加合理地确定城镇空间布局，优化城镇规模和等级结构，预留充足的发展空间。要按照政府组织、专家领衔、部门合作、公众参与的要求组织规划编制，完善规划公示制度，提高规划工作透明度，使规划决策更加科学化、民主化、公开化。三是坚持"规划即法"，严格规划实施。

建立以重点镇总体规划和控制性详细规划为法定依据的建设工程规划管理机制，严格实施用地红线、水体蓝线、绿地绿线、历史文化保护紫线、城镇公用设施黄线等"五线"管理制度，维护规划的权威性、严肃性和连续性，确保重点镇建设"一张蓝图绘到底"，一年接一年、一届接一届地干下去，最终必然见成效。四是坚持示范带动，在改革创新中积累建设经验。在有序推进面上 17 个重点镇建设的同时，各县区根据实际各确定 1 个基础较好、条件较成熟的重点镇作为示范镇，集中力量加快推进综合配套改革，力争 2-3 年内抓出成效、积累经验，从而以点带面、分步分批、示范带动其它重点镇发展。

▲ 八步区城乡风貌改造

▶ 富川瑶族自治县
铁耕村新貌

▲ 平桂管理区沙田镇民田村

◀ 昭平县北陀镇山
根新村

（三）生态引领，传承文明

一是要树立人与自然和谐发展理念。不发展没有路，但不科学的发展是死路；发展是硬道理，但是这个硬道理要建立在科学和谐发展的基石之上。自然生态是支撑可持续发展的巨大财富，要金山银山，也要绿水青山；要仓廪丰实、腰包鼓鼓，也要山水作伴、人情和美。围绕重点镇建设打造生态文明，除了倡导新型工业化、发展循环经济，转变农业生产方式不可或缺。传统的农业生产方式只关注农业产量，忽视农村环境保护，大量使用化肥、农药、地膜等，造成水污染、大气污染、土质破坏等，制约了农村经济社会的进一步发展，必须着力改变传统农业生产方式，大力发展生态循环农业，促使农业增产由依靠资源要素投入为主向依靠科技进步、理念创新转变，切实实现农村经济的可持续发展。建设重点镇必须综合考量经济效益、社会效益和生态效益的统一，绝对不能以牺牲生态环境为代价。要坚定不移地走农业可持续发展之路，用生态文明理念引领现代农业，大力提倡生态农业、绿色农业、观光农业，使农业生产与环境相协调，循环可持续。二是要促进居民增收致富，形成以经济发展反哺特色城镇建设的良性循环机制。从培育主导产业和新型业态来看，各重点镇应按照自然禀赋和未来发展的要求，做好产业的集聚、转型、提升、拓展和培育，增强自我造血功能。同时，要注重构架现代农业生产体系，加快培育家庭农场、种植大户、合作社、龙头企业连锁运销加工点、产业协会等经营主体，倡导农业集约化经营，提升农业经济的内生动力。三是要重视传承乡土中国的文化血脉，丰富特色城镇建设文化内涵。深厚的历史文化、淳朴的乡风民俗、质朴的伦理道德和紧密的邻里关系，构成了看得见、摸得着，有着巨大有形和无形影响的精神力量。建设重点镇不仅要突出物质空间的布局与设计，同时必须注入生态文化、传承历史文化、挖掘民俗文化，将农耕、孝廉、书画、饮食、休闲、养生等文化要素融合到特色城镇建设之中，提升内涵和品质，最大程度地保留原汁原味的传统文化和乡土特色，这既是传承华夏文明的需要，也是特色城镇建设生命力与亲和力的重要表征。

（四）深化改革，综合施策

一要深入推进行政管理体制改革。首先，赋予重点镇部分县级经济社会管理权限。按照"惠民便民、能放则放、权责一致"的原则，逐步下放相应职权到重点镇。如婚姻登记、养老、低保、建房、农机监理、计生等以授权或委托形式下放重点镇办理；住建、国土、交通、环保、卫生、工商、安全生产、市政、林业、环卫、市场监管等部分县级行政审批许可和处罚权，依法委托重点镇行使。其次，推进重点镇站所改革，按照"大部制、扁平化、综合性"和"精简高效、权责一致"的原则，灵活设置重点镇工作机构，条件具备的可成立分局，确保下放事权

▲ 钟山县乡镇公路

承接到位、管理到位。再次，推行政府权力清单制度，最大限度减少或取消行政审批事项，对已列入规划的项目无须再审批立项，直接批可研或设计，切实提高项目审批效率。第四，理顺市与城区行政管理体制，赋予八步区和平桂管理区国土、住建、环保、市场管理等方面相当于县级政府管理职能，切实解决好权责失衡问题。二要深入推进财政和投融资体制改革。赋予重点镇与事权相匹配的财权，建立与重点镇相匹配的镇级财政管理体制，让重点镇

▲ 昭平县昭黄二级公路

拥有预算管理权、资金所有权和资金分配权。要建立重点镇财政保障和激励机制，确保重点镇有足够精力抓发展谋发展。要建立重点镇发展专项基金，集中力量支持重点镇建设。要创造条件支持重点镇拓宽投融资渠道，广泛吸引社会资本和民间资金投入重点镇基础设施建设。三要深入推进土地管理制度改革。对重点镇新增建设用地指标实行切块倾斜，由市、县（区、管理区）根据其发展和项目需求报批用地下达指标。要加快推进农村集体土地改革，加快推进重点镇农地、林地等土地确权、登记和颁证工作。积极探索建立宅基地跨村入镇分配机制，打破宅基地村内分配旧机制，在镇区集中规划农民新区，允许符合条件的农户在镇区申领宅基地。四要深入推进户籍管理制度改革。还原户籍的人口登记管理功能，全面推行居住证制度，建立以居住证为依据的基本公共服务提供机制。积极推进农业转移人口市民化，坚持自愿、分类、有序的原则，逐步把符合条件的农业转移人口转为城镇居民，并保障其享有同等的教育、就业、医疗等基本公共服务保障。五要深入推进产业支撑和社会保障制度改革。要鼓励和引导企业、农村产业向重点镇产业园区集聚，促进产业集群化发展，逐步形成"相对集中、适度规模、设施配套、生态环保、独具特色"的产业功能区。要优化投资环境，按照"非禁即

入"原则，加大招商引资力度，拓宽民营资本对重点镇的投资领域和范围，积极鼓励农民到重点镇创业。要完善社会保障机制，进一步完善重点镇职工社会保险、社区居民基本医疗保险制度及新型农村合作医疗等各项惠农政策。六要深入推进社会治理体制改革。适时调整镇村行政区划，将重点镇镇区周边村屯纳入镇区规划建设范围，实行社区化管理。加强重点镇基层党组织建设，创新重点镇基层管理服务，健全重点镇基层民主制度，充分发挥民间组织在公共服务和社会治理中的作用。

（五）夯实基础，完善硬件

建议开展重点镇基础设施建设大会战，市、县（区、管理区）相关部门要积极帮助重点镇谋划和争取公共基础设施项目，市、县财政要按照"渠道不乱、用途不变、捆绑使用"的原则，整合各级各类涉及农业农村的项目和资金，集中安排用于重点镇建设。一是高水平建设完善镇区基础设施。加快推进主要市政道路、集中供水、污水处理、电力、通讯、供热、供气等基础设施建设，力争用5年时间，基本形成完善的镇中心区骨干路网体系，实现集中供水电气，污水和垃圾集中处

▲ 昭平县农民群众在乡镇文化站阅读科技书籍

▲ 八步区乡镇村级篮球场

理。二是高标准配套公共服务设施。加强镇区教育、医疗卫生、文化、娱乐、交通、体育、社会福利与保障、行政管理与社区服务、邮政电信和商业金融等与人们生活密切相关的公共服务设施建设，显著提升城镇服务功能，提高居民的生活质量和生活水平。三是高质量提升生态宜居水平。广泛开展环境整治，重点推进拆违、还绿、治水、净气、降噪、亮化、美化工程，加快生态休闲健身公园和城镇景观建设，实现"森林进城、公园下乡"，营造绿树成荫、芳草拥簇、碧水环绕、蓝天映衬的美好生活空间。 四是高效率推进新型农村社区建设。优先在重点镇推进城镇化社区、新民居社区、幸福院等新型社区建设，统筹配置和完善社区公共设施，注重对有价值的镇村建筑风貌保护和乡村文化传承，逐步形成城镇化社区和多个新民居社区相结合的人口集中居住格局。

（六）抓好队伍，吸纳人才

一要足额配员，保持平衡，解决人员"足"的问题。市、县编制部门要根据当前重点镇工作的形势发展需要，下放编制审批权限，在按重点镇编制员额配足配齐工作人员的基础上，出台重点镇工作人员"一进一出"制度，确保重点镇人员总量平衡。同时，要明确规定县级机关不得变相占用重点镇编制，对于调离重点镇工作的人员，要及时办理出编手续。对于重点镇新录用公务员，在镇最低服务年限不得少于5年，期间上级机关不得抽、借调，县直各单位原则上也不得从各站所抽、借调工作人员。二要合理设岗，招贤纳良，解决人员"进"的问题。积极探索重点镇公务员或事业单位人员招录工作。利用重点镇的空余编制，根据实际需要设置招录数量、职位条件和专业需求。探索从待编人员中招录优秀人才的工作机制，根据工作需要每年拿出相应编制招录优秀大学生"村官"或一部分优秀待编人员，以逐步解决大学生"村官"和待编人员的身份问题。同时，实施"重点镇专项人才引进工程"，由市县人才办牵头，为重点镇引进一批项目审批、规划、土地管理、财税金融、医疗卫生等方面的急需紧缺专业人才。三要科学考核，选优用强，解决人员"上"的问题。市县要严格按照《党政领导干部选拔任用工作条例》相关规定，拿出更多的职位公开选拔和竞争上岗。同时，要考虑到乡镇干部队伍的特点，放宽年龄、学历、职级等条件，着重以工作实绩为标准，在权利公平、机会公平、规则公平的前提下，保证最大范围内选人用人，使更多的优秀乡镇干部特别是站所干部能够脱颖而出，解决好乡镇干部"奔头"和"盼头"的问题。四要注重培养，改善待遇，解决人员"留"的问题。对能够履职尽责、工作经验丰富、表现突出的干部要注重锻炼培养，敢于"压担子"，同时，要根据其任职年限提高其相应的政治待遇，提高其工作积极性，确保乡镇工作主力干部安心"留"下来。五要强化监督，严格奖惩，解决人员"出"的问题。对于优秀的乡镇干部要提供更大的发展空间，同时也要剔除乡镇干部队伍中的"混官""庸官"。各县（区、管理区）组织人事部门要严格按照目标考评、民主测评、决策损失、失职渎职、廉洁自律、个人品德等方面对乡镇干部进行全方位的测评和考核，打开辞退和引咎辞职的"出口"，确保乡镇干部队伍建设纪律的严肃性。六要创新模式，结对帮带，解决人员"优"的问题。积极创新重点镇人才工作模式，可探索实施专业团队培育计划，按照"1个职能部门+1名业务领导+2名专业人才+若干名镇干部"的模式，由市县职能部门结对指导，帮助结对重点镇在项目、规划、土地、财税方面各打造一个成熟的专业团队，努力提升重点镇发展水平。

五、贺州特色城镇建设需要注意的问题

（一）下放到重点镇的权力内容应予以规范和明确

为保证下放到重点镇的权力得以贯彻执行，避免权力在县（区、管理区）镇政府间悬空或反复，改革过程中必须对工商、财政、规划、国土等多项下放的权力内容予以明确规定，并对权力下放到何种程度由谁执行、执行的方式等做出具体安排。这样，通过行政权力的下移、前移，促使重点镇建立起权责明晰、责权相称、事权一致有能有为的效能型与服务型政府，并通过下放权力内容的规范与细化实现行政性分权向法制性分权的过渡，另外，下放权力内容的明确也有利于审计部门、上级政府、社会公众对权力运行情况的监督与考核。

（二）重点镇综合配套改革还应促进区域经济协调发展

目前推行改革的主要是对区位优势明显、产业基础良好、发展空间和潜力较大的经济强镇通过县（区、管理区）镇间权力关系的调整来进一步促进镇域经济的发展。改革后，镇政府财政收入增加，社会公共服务能力增强，而县级政府的财政收入则相对减少，对经济实力偏弱乡镇的支持力度也相对降低。因此，在给重点镇扩权改革的同时，还应考虑针对性配套政策的支持与落实，促进较弱的乡镇加快发展，进而促进县域经济乃至整个区域经济协调发展。

建设美好家园，共筑特色城镇，让生活在乡镇的居民既能享受现代化物质文明，又能置身和谐自然的生态美景；让生活在城市的市民既能享受舌尖上中国的物质美味，又能悠游体验乡土中国历久弥新的传统氛围。返璞归真，亲近自然，在碧蓝天空下，在绿树掩映中，在清新空气里，一幅城乡一体、自然和谐，干部群众事业蒸蒸日上、生活富足美满的美丽画卷正在桂东大地上徐徐展开。

结　论

英国著名思想家休谟认为，一切人类努力的伟大目标在于获得幸福。马克思认为，人类终极追求的目标是要促进人的全面发展。党的十七大报告指出，要"促进经济社会和人的全面发展。"因此，"美丽贺州"所追求的，不仅是一个高速发展的贺州，更是一个"绿色贺州"、一个"促进经济社会和人全面发展的贺州"。经验告诉我们，经济的增长并不能明显提升幸福感。这就需要我们树立全面、协调、可持续的发展观，促进经济社会和人的全面发展。贺州市提出建设"美丽贺州"，是对转型期贺州经济社会发展阶段的正确判断，是对党十八大报告提出的"建设美丽中国"的深入理解。建设"美丽贺州"，必须"坚持特色农业、特色旅游、特色城镇三管齐下"，既要创新政府行为，大力推进"扩权强镇"改革，推进以人为本的新型城镇化建设；又要加快经济转型升级，做大做强旅游业、特色农业，不断夯实物质基础；更要大力推进生态文明建设，持续改善自然环境，"为子孙后代留下天蓝、地绿、水清的生产生活环境。"

本书的研究立足建设"美丽中国"的根本要求，着眼于贺州转型升级已经处于起飞阶段的实际，坚持把发展特色城镇、特色旅游、特色农业的一般规律与贺州"欠发达、山区、民族、生态"的实际特征结合起来，对"美丽贺州"的具体实现路径从"特色城镇、特色旅游、特色农业"三个方面的进行阐述，分别就特色城镇、特色旅游、特色农业从理论、贺州发展现状、优势、劣势、机会、威胁等SWOT分析、对策建议等方面进行构建，既对探索"美丽贺州"进行理论阐述，又提出对策建议。

本书的研究内容，是基于资料收集、贺州实际发展情况等多重因素考虑。本书认为：

一、贺州发展特色城镇，走以"扩权强镇"的改革为突破口，将一部分属于县市的经济社会管理权通过适当的途径赋予乡镇一级政府，通过扩张乡镇政府权力，扶持重点镇建设等措施来增强重点镇产业发展、公共服务、吸纳就业、人口集聚功能，从而有序推进农业转移人口市民化，实现城镇基本公共服务常住人口全覆盖等目标。"扩权强镇"改革作为贺州特色城镇化的特点和亮点，全面增强和突出小城镇，特别是17个重点镇的承载力、充分发挥福射带动作用，以弥补因地理分割导致贺州城市辖射范围有限的缺陷。这个发展特色城镇的道路既符合贺州实情，又具有可操作性。但是，这17个重点镇的方向定位和发展规划目前还不够明晰，特色还不够明显，事权、财权、责任三者匹配还存在矛盾，必须找准定位，科学规划，通过深化改革，综合配套措施和政策来推进贺州"特色城镇"建设。

二、贺州旅游业正处于持续快速增长时期，旅游产业已成为贺州市的支柱产业之一。依托贺州的区位优势和自然资源优势，发展特色旅游，这符合科学发展观的要求。但是，目前贺州对特色旅游产品开发重视程度不足，旅游产品的结构不合理，整体竞争力不强，与周边区域同类产品竞争日益激烈。但是，综合SWOT分析，贺州旅游业应该采取进攻战略。即突出生态和文化品牌，发展生态旅游、休闲度假旅游、文化旅游。将旅游资源进行整合规划、深度开发，集中力量把旅游资源优势转化为产品优势，把区位优势转化为市场优势。

三、贺州特色农业正处于快速增长期，其农产品的种类不断增加，品牌影响力也在不断扩大。但贺州发展特色农业面临着农业基础设施薄弱，农产品流通受制约程度大，农业产业化和市场开发程度低，土地流转困难，农产品的竞争对手多，可替代性强等挑战。综合SWOT分析结果，贺州特色农业发展应该采取分散战略，利用各种优势，以避免各种威胁。即利用自然条件优势和区位优势，以"粤港澳"为主要市场，向北方扩大市场范围，提高蔬菜包装能力，延长蔬菜的产业链；利用既有的马蹄市场占有率，成立马蹄市场交易平台和中心，掌握马蹄的定价权；开发茶园观光和旅游等等，发展具有贺州特色的农业，避免过多的同类竞争。集中力量把资源优势转化为产品优势，把区位优势转化为市场优势。

总之，探索"美丽贺州"道路的理论内涵和具体制度、政策的设计，是一个庞大的体系，内容十分丰富，绝不止本书所勾勒的三个方面。况且，作为欠发达地区贺州在发展特色城镇、特色旅游、特色农业的进程和实现路径与其他地区相比，有许多特殊的实情，不能简单的一概而论，当下的和可以预见的许多问题需要贺州的理论工作者们去更为深入地探索、创新和尝试。当然，我们从学术上对"美丽贺州"进行探索只是一个手段，只有各级政府真正做到把政府行为从长远的公众利益、公众幸福出发，做到"权为民所用、情为民所系、利为民所谋"，才能实现"美丽贺州"的蓝图。